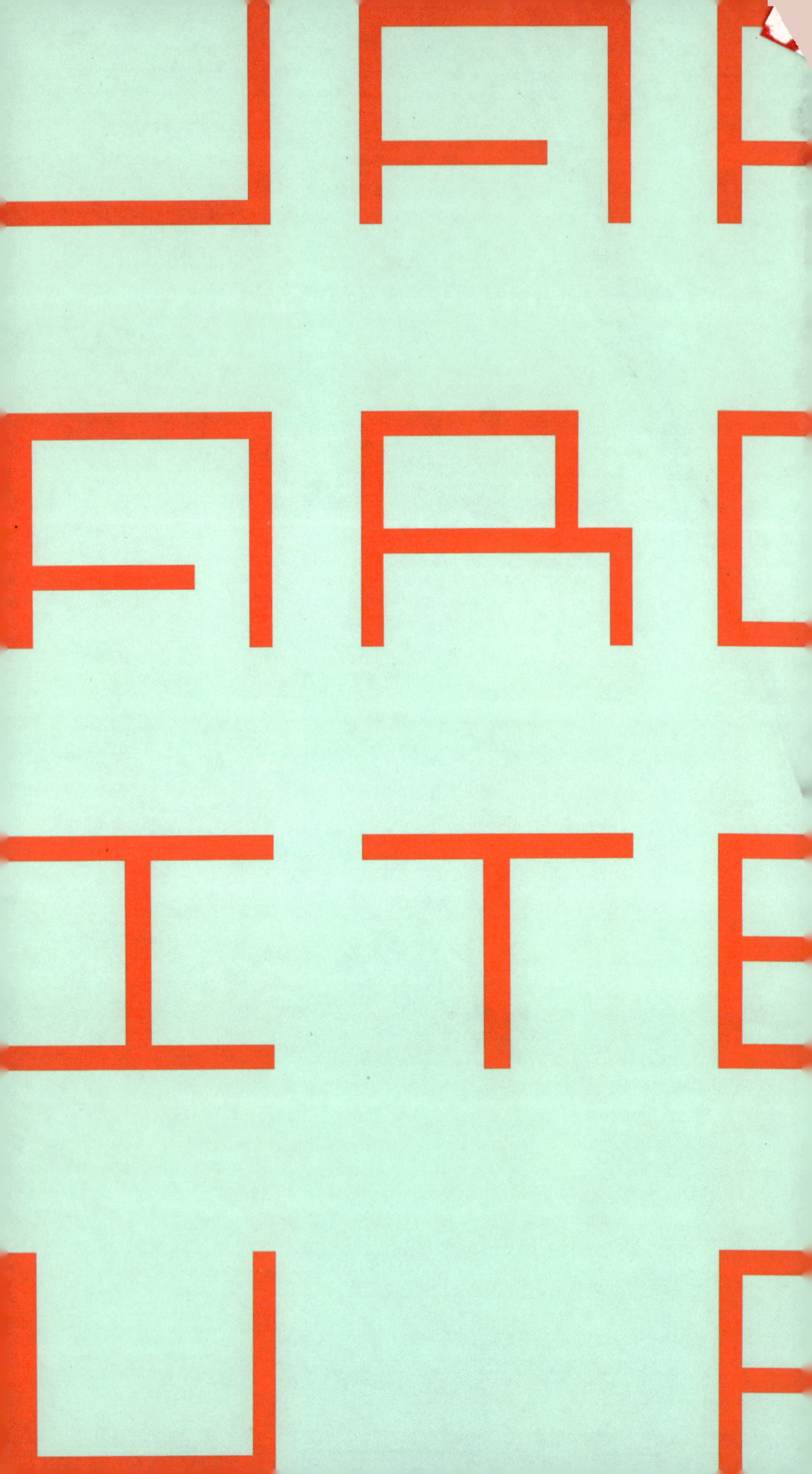

世界建筑旅行地图

TRAVEL ATLAS OF WORLD ARCHITECTURE

JAPAN

日本

程艳春　编著

中国建筑工业出版社

图书在版编目（CIP）数据

日本 / 程艳春编著. — 北京：中国建筑工业出版社，2014.7（2021.3 重印）

（世界建筑旅行地图）

ISBN 978-7-112-16823-1

Ⅰ. ①日… Ⅱ. ①程… Ⅲ. ①建筑艺术－简介－日本Ⅳ. ① TU-863.13

中国版本图书馆 CIP 数据核字（2014）第 096679 号

总体策划：刘 丹
责任编辑：刘 丹 张 明
书籍设计：晓笛设计工作室 刘清霞 贺 伟 张 杨
责任校对：刘 钰 刘梦然

世界建筑旅行地图
日本
程艳春 编著

出版发行：中国建筑工业出版社（北京海淀三里河路 9 号）
经销：各地新华书店、建筑书店

制版：北京新思维艺林设计中心
印刷：北京富诚彩色印刷有限公司
开本：850 毫米 ×1168 毫米 1/32
印张：10 1/8
字数：716 千字
版次：2015 年 1 月第一版
印次：2021 年 3 月第三次印刷

书号：ISBN 978-7-112-16823-1（36955）
定价：88.00 元

目录 Contents

特别注意 Special Attention

本书登载了一定数量的个人住宅与集合住宅。在参观建筑时请尊重他人隐私、保持安静，不要影响居住者的生活，更不要在未经允许的情况下进入住宅领域。

谢谢合作！

序言 Preface

什么是体验、学习建筑的最好方法呢？我想除了迈动双脚、在实地通过身体各部分来感受建筑之外别无他法。在来到东京留学之前，一位日本教授送了我《东京建筑 MAP》这本书，在刚到日本的时间里，我带着这本书穿梭于东京的大街小巷，它成了我名副其实的东京建筑“词典”。

在看过东京的众多建筑之后，我开始去日本以及欧洲的其他城市来继续自己的建筑之旅。在这个过程中，我曾经接待过很多来日本考察建筑的朋友，在欧洲也碰到过一些正在走访建筑的同行。大家基本上都是通过网络搜索或者朋友的游记来获得相关建筑信息，另外受到语言以及国外网络的限制，可以说到国外看建筑并不是件容易的事情。在日本，东京、京都、大阪等主要城市有相应的建筑地图指南，介绍欧洲等国家的建筑旅行丛书也有几种。所以我想对于国内读者，如果也有针对其他国家的建筑旅行指南，对建筑学生或者专业工作者来说将会是一件很有帮助的事情。

在 20 世纪，众多世界知名建筑师曾经到过日本并留下了宝贵的财富。被称为 20 世纪最伟大建筑师之一的勒・柯布西耶（Le Corbusier）是日本现代建筑师脉络中的一个重要源头。布鲁诺・陶特（Bruno Taut）在考察完日本传统建筑之后出版了《日本美的再发现》等书，这成了日本建筑师的精神食粮。弗兰克・劳埃德・赖特（Frank Lloyd Wright）在日本建成了 10 余件作品，也培养了很多学生，他们也是日本现代建筑风格的另一重要支流。同时，从 20 世纪初开始，众多日本建筑师到海外考察并把信息传回国内。如今的日本大学里，建筑学生到海外建筑旅行更是一项必修课。

可以说，日本现代建筑的发展离不开与世界建筑的密切接触。不仅是“引进来”，同时也积极“走出去”。在我国，当世界各地的建筑师蜂拥而至的时候，如果也能有更多的人去实地了解其他国家的建筑，我想才更有益于建筑上的交流。希望本套丛书能够为此贡献一份微薄的力量。

作为《世界建筑旅行地图》丛书中的一册，本书收录了近 130 名建筑师在日本的 460 件作品，所选建筑跨越了各个年代，包含了众多种类。希望本书能够成为到日本考察建筑的专业人士以及建筑爱好者的指南，如果本书对研究日本建筑也可以提供参考的话，我将更深感荣幸。

程艳春

2014.05.04

本书的使用方法 Using Guide

注：使用本书前请仔细阅读。

1. 大区域显示范围
2. 该县位置示意
3. 县名
4. 特别推荐
5. 入选建筑及建筑师
6. 大区域地图

显示了入选建筑在该地区的位置，所有地图方向均为上北下南，一些地图由于版面需要被横向布置。

7. 建筑编号

各个地区都是从01开始编排建筑序号。

8. 铁路、地铁线名称

请配合当地铁路、地铁交通路线图使用本书，名称用日文表示。

9. 小区域地图

本书收录的每个建筑都有对应的小区域地图，*在参观建筑前，请参照小地图比例尺所示的距离选择恰当的交通方式。对于离车站较远的建筑，请参照网站所示的交通方式到达，或查询相关网络信息。*

10. 建筑名称
11. 车站名称

一般为离建筑最近的车站名称，*但不是所有的建筑都是从标出的车站到达，*请根据网络信息及距离选择理想的交通方式，名称用日文表示。

12. 比例尺

根据建筑位置的不同，每张图有自己的比例，使用时请参照比例距离来确定交通方式。

13. 笔记区域
14. 建筑名称及编号
15. 推荐标志
16. 建筑名称（中 / 日文）
17. 建筑师
18. 建筑实景照片
19. 建筑面积
20. 所在地址（日文）
21. 建筑所属类型
22. 年代
23. 备注

作为辅助信息，标出了有官方网站的建筑的网址。一般美术馆的休馆日为周一及法定节假日，参观建筑之前，请参照备注网站上的具体信息来确认休馆日、开放时间、是否需要预约等。团体参观一般需要提前预约。

24. 建筑名称
25. 建筑简介

9 小区域地图
10 建筑名称
Architectural Map of the World · Japan
115
Nagano-ken 长野县
01 田崎美術館
02 石の教会 内村鑑三記念堂
しなの鉄道線 · 中軽井沢駅
0 300m
長電長野線 · 小布施駅
03 小布施町立図書館「まちとしょテラソ」
0 75m
8 铁路、地铁线名称
11 车站名称
12 比例尺
13 笔记区域
14 建筑名称及编号
15 推荐标志
16 建筑名称（中文／日文）
17 建筑师
18 建筑实景照片
19 建筑面积
01 田崎美术馆
田崎美術館
建筑师：原广司
地址：長野県北佐久郡軽井沢町長倉横吹 2141-279
类型：文化建筑／美术馆
年代：1986
面积：594 m²
备注：http://tasaki-museum.org/
02 石头的教堂·内村鉴三纪念堂
石の教会 · 内村鑑三記念堂
建筑师：Kendrick Kellog
地址：長野県北佐久郡軽井沢町星野
类型：宗教建筑／教会
年代：1988
面积：482 m²
备注：http://www.stonechurch.jp/
03 小布施町立图书馆
小布施町立図書館
建筑师：古谷诚章
地址：長野県上高井郡小布施町小布施 1491-2
类型：科教建筑／图书馆
年代：2009
面积：998 m²
备注：http://machitoshoterrasow.com/
20 所在地址（日文）
21 建筑所属类型
22 年代
23 备注
建筑名称
25 建筑简介

所选各县的位置及编号 Location and Sequence in Map

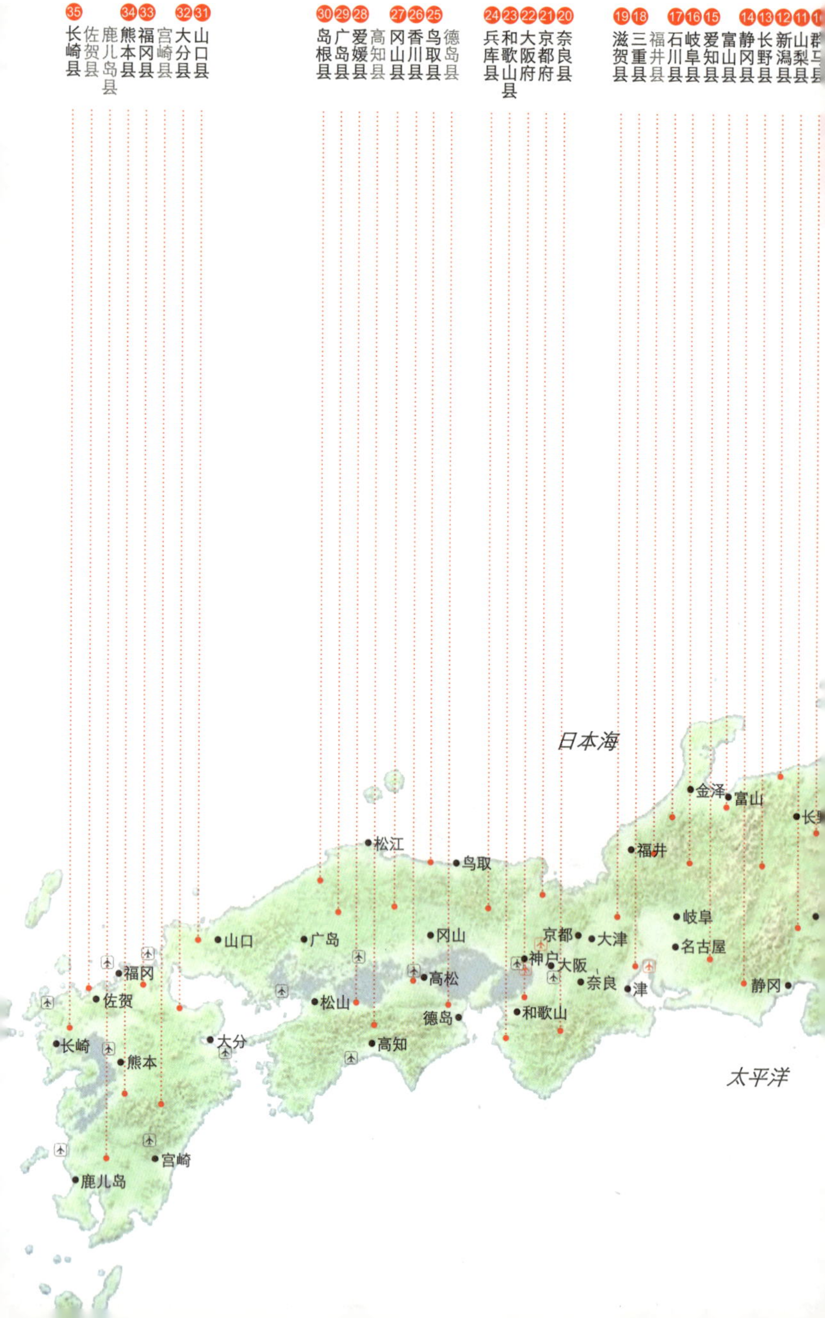

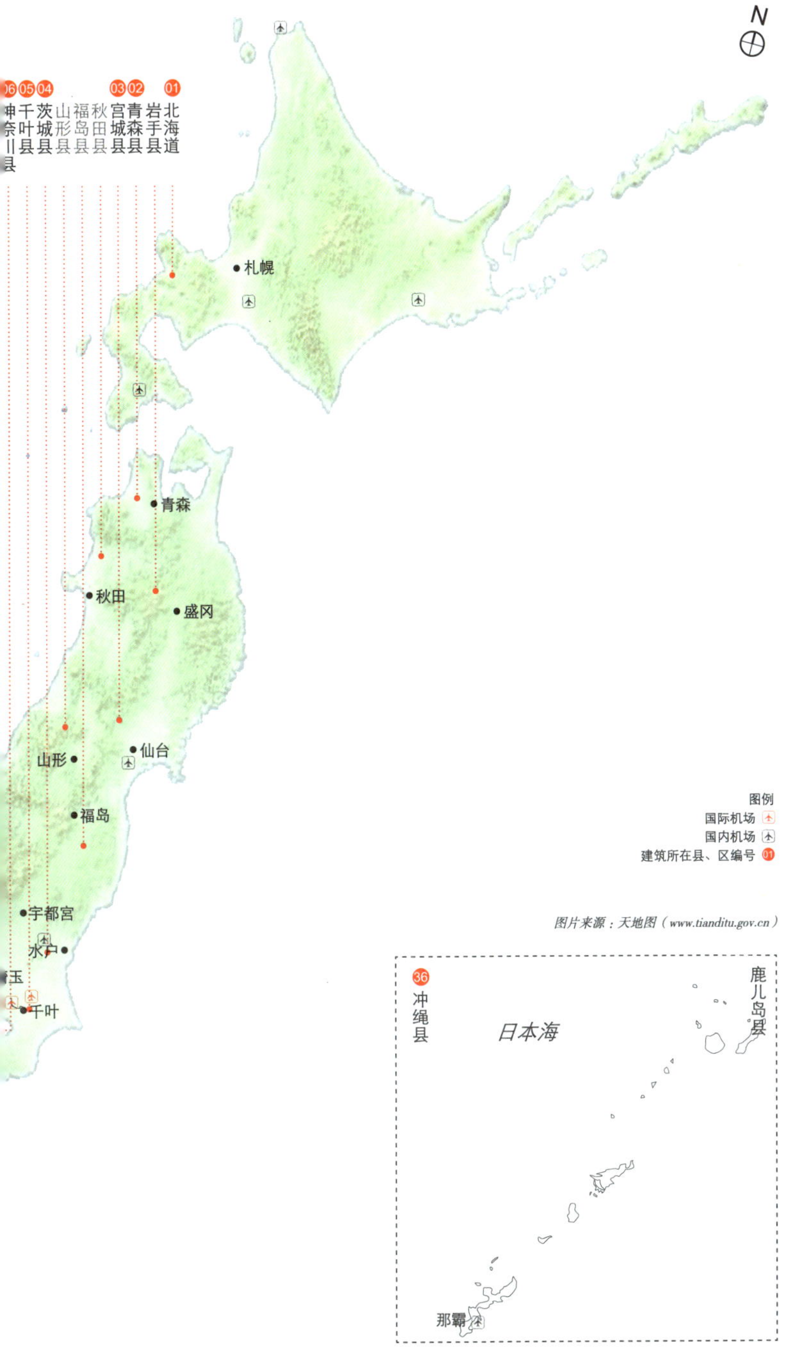
N
01 北海道
岩手县
02 青森县
03 宫城县
秋田县
福岛县
山形县
04 茨城县
05 千叶县
06 神奈川县
札幌
青森
秋田
盛冈
山形
仙台
福岛
宇都宫
水户
千叶
36 冲绳县
日本海
鹿儿岛县
那霸
图例
国际机场
国内机场
建筑所在县、区编号 01
图片来源：天地图（www.tianditu.gov.cn）

01 北海道

Hokkaido

01 · 北海道

建筑数量 -08

01 Moere 沼公园 / 野口勇
02 自然接触交流馆 / 中井仁实
03 札幌体育馆 / 原广司
04 旭川市厅舍 / 佐藤武夫
05 水的教堂 / 安藤忠雄
06 森的交流馆 · 十胜 / 象设计集团
07 钏路市湿原展望台 / 毛纲毅旷
08 钏路 Fisherman's Wharf MOO / 毛纲毅旷

Note Zone

Moere 沼公园

Moere沼公园是根据札幌市“环城绿化带构想”规划建设的，1988年由雕刻家野口勇参与，将整个公园设计为一个整体的雕塑作品。公园内高32米的玻璃金字塔是该园的象征性建筑物，也是公园的中心设施，馆内有介绍野口勇的展室。

自然接触交流馆

这是在野幌森林公园内建设的游客服务中心，是北海道自然信息展示和休息的场所。建筑物以一枚树叶形的大空间为主，内外均使用大量的木材建造。

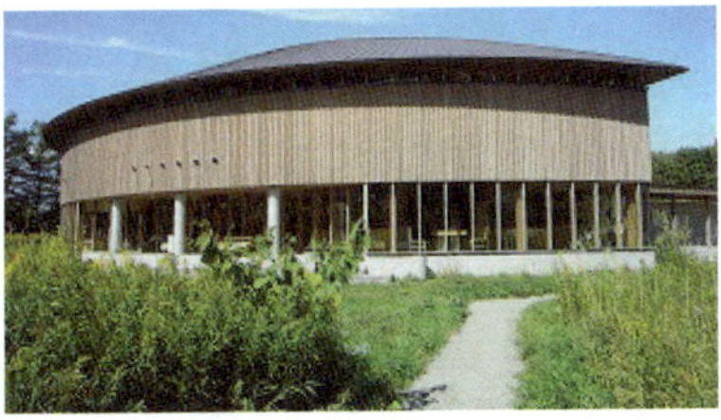

01 Moere 沼公园
モエレ沼公園

建筑师：野口勇
地址：札幌市東区モエレ沼公園 1-1
类型：其他综合公园
年代：2005
面积：1041179 m²
备注：http://www.sapporo-park.or.jp/moere/

02 自然接触交流馆
自然ふれあい交流館

建筑师：中井仁实
地址：北海道江别市西野幌685-1
类型：文化建筑 / 综合文化设施
年代：2000
备注：http://www.kaitaku.or.jp/nfpvc.htm

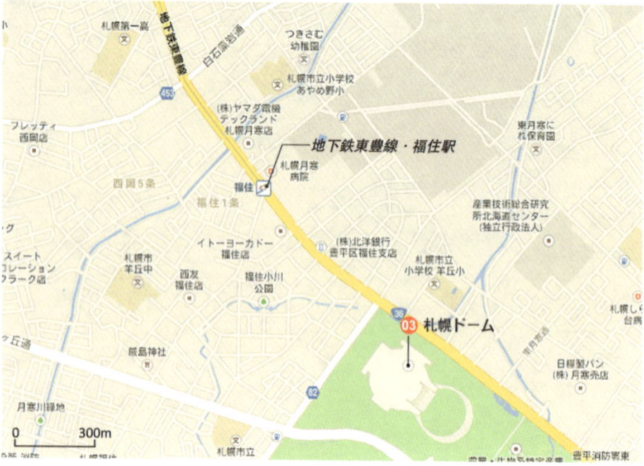

03 札幌体育馆
札幌ドーム

建筑师：原广司
地址：北海道札幌市豊平区羊ケ丘1
类型：体育建筑 / 体育场
年代：2001
面积：98232 m^2
备注：http://www.sapporo-dome.co.jp/

04 旭川市厅舍
旭川市庁舎

建筑师：佐藤武夫
地址：北海道旭川市 6 条通 9
类型：办公建筑
年代：1958
面积：11241 m^2
备注：无

Note Zone

札幌体育馆

札幌Dome作为2002年韩日世界杯场馆而被建设。设有可移动式座席和旋转运动场，可在足球场与棒球场之间切换。屋顶的设计考虑了北海道多雪的气候特征，建筑内部有可以到达屋顶的展望台。

旭川市厅舍

建筑中间的高层和南北两侧的低层由二层的带状连廊连接，一层是开放的门厅和中庭。在钢筋混凝土框架镶嵌本地产的瓦面，创造出了温暖的建筑外表。

Note Zone

水的教堂

教堂采用从天井往下的动线来进入建筑内部，这种手法在安藤忠雄的几个作品中都能够看到。进入教堂内部后，透过玻璃墙面可以看到水面，水面上放置了十字架。玻璃是电动控制的，夏季可以打开，用来举行结婚仪式。

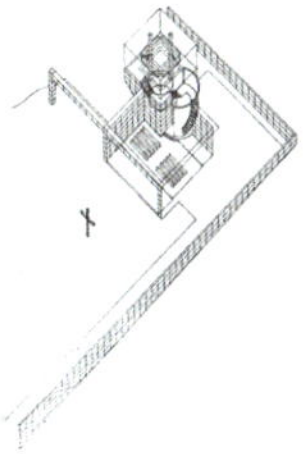

水の教会 · 轴测图

森的交流馆 · 十胜

建筑邻接北海道国际中心建设，是为外国人提供活动和信息交流的场所。锯齿状木质墙面是象设计事务所具有代表性的设计手法。锯齿形内部是玻璃采光中庭。

05 水的教堂
水の教会

建筑师：安藤忠雄
地址：北海道勇払郡占冠村中トマム
类型：宗教建筑 / 教堂
年代：1988
面积：520 m²
备注：http://www.waterchapel.jp/（要预约）

06 森的交流馆 · 十胜
森の交流館 · 十勝

建筑师：象设计集团
地址：北海道帯広市西 20 条南 6-1-2
类型：文化建筑 / 综合文化设施
年代：1996
面积：1708 m²
备注：无

07 钏路市湿原展望台
钏路市湿原展望台

建筑师：毛纲毅旷
地址：北海道釧路市北斗 6-11
类型：其他／展望台
年代：1984
备注：http://www.kushiro-kankou.or.jp/tenboudai/index.html

08 钏路 Fisherman's Wharf MOO
釧路フィッシャーマンズワーフ MOO

建筑师：毛纲毅旷
地址：北海道釧路市錦町2丁目4
类型：商业建筑 / 复合商业设施
年代：1987
备注：http://www.moo946.com/

Note Zone

钏路市湿原展望台

展望台是建筑师毛纲毅旷从古代欧洲城堡和湿地特有的植物中汲取灵感而设计的。近年来增加了许多现代化展示设备。从屋顶可以看到湿地一年四季的变化。

钏路 Fisherman's Wharf MOO

建造当初分为商业部分的MOO和全天候植物园的EGG，还包括一个市营健身中心。经济泡沫破裂后，迁入了失业办公室和釧路市政府等，是泡沫破裂后防止设施空洞化的实践。

02 青森県 Aomori-ken

02・青森县

建筑数量 -02

01 十和田市现代美术馆 / 西泽立卫
02 青森县立美术馆 / 青木淳

Note Zone

十和田市现代美术馆

美术馆位于十和田市中心，是作为该市的Arts Towara艺术街区计划的据点设施而建造的。建筑内外陈列着21位艺术家的22件作品。建筑由常设展示的玻璃透明箱体串联而成，欣赏作品的同时可以感受到外部空间的变化。

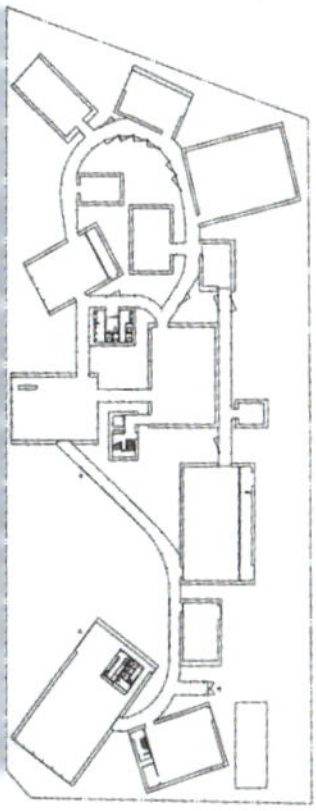

十和田市现代美术馆 · 平面图

青森县立美术馆

该建筑是建筑师从周边的“三内丸山绳文遗迹”的发掘现场得到启发而被设计出来的。建筑平面像是发掘现场的壕沟一样，根据几何学的原理把地面划分出来，在上面堆砌了被涂成白色的砖块。在上面的建筑体块和下面的地面中都有凹凸，两种材质的不同感觉在对比与调和中共存。

01 十和田市现代美术馆
十和田市現代美術館

建筑师：西泽立卫
地址：青森県十和田市西二番町 10-9
类型：文化建筑 / 美术馆
年代：2008
面积：520 m²
备注：http://towadaartcenter.com/web/towadaartcenter.html

02 青森县立美术馆
青森県立美術館

建筑师：青木淳
地址：青森県青森市大字安田字近野 185
类型：文化建筑 / 美术馆
年代：2006
面积：15837 m²
备注：http://www.aomori-museum.jp/ja/

青森县立美术馆・青木淳

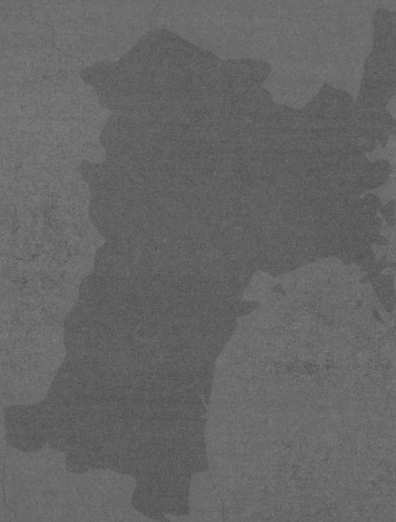

四 宫城县

Miyagi-ken

03・宫城县

建筑数量 -04

01 宫城县图书馆 / 原广司
02 仙台媒体中心 / 伊东丰雄
03 名取市文化会馆 / 桢文彦
04 菅野美术馆 / 阿部仁史

Note Zone

宫城县图书馆

建于仙台市北部的县立图书馆，200米长的建筑在起伏的山林中像金属管状物一样浮在基地上。尽可能地利用地形来设计，建筑下面的空间被用作广场。管状的阅览室天井中膨起的形体变化创造出了有趣的空间。

仙台媒体中心

被誉为伊东丰雄的代表作。由于是玻璃幕墙的建筑，所以从外面也可以看到横贯建筑的楼梯间。13根管状柱体一样的核心筒和7层楼面构成了建筑的肌体。核心筒承重结构也是交通核，这使得室内实现了无柱大空间。此外，根据室内功能的不同，每层的层高是不同的。

01 宫城县图书馆
宮城県図書館

建筑师：原广司
地址：宫城县仙台市泉区紫山1-1-1
类型：科教建筑 / 图书馆
年代：1998
面积：18100 m^2
备注：http://www.library.pref.miyagi.jp/

02 仙台媒体中心
仙台メディアテーク

建筑师：伊东丰雄
地址：宫城县仙台市青葉区春日町 2-1
类型：文化建筑 / 多媒体中心
年代：2001
面积：1041179 m^2
备注：http://www.smt.jp/

Note Zone

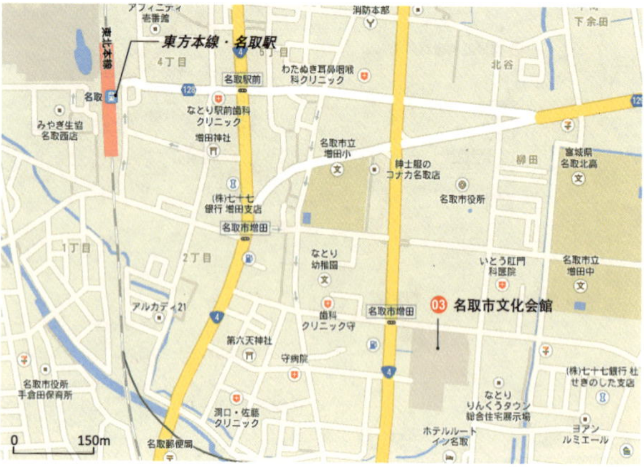

03 名取市文化会馆
名取市文化会館

建筑师：桢文彦
地址：宫城県名取市増田柳田520
类型：观演建筑 / 剧场
年代：1997
面积：13653 m²
备注：http://www.natori.or.jp/

04 菅野美术馆
菅野美術館

建筑师：阿部仁史
地址：宫城県塩竈市玉川3-4-15
类型：文化建筑 / 美术馆
年代：2006
面积：219 m²
备注：http://www.kanno-museum.jp/

名取市文化会馆

建于名取市的文化会馆，馆内拥有众多的演艺大厅。悬挂玻璃幕墙的通高门厅空间和枫叶一样颜色的演艺厅是建筑的特点。在建筑的背面有铺草坪的广场，从背面可以看到和式的房间，在现代建筑中出现和式元素是十分有趣的感受。

菅野美术馆

这是在塩竈市可以远眺太平洋的高台上建造的私人美术馆，用来展示管野先生收集的8件雕刻艺术品。外观是由灯芯绒钢做出来的独特的突起花纹。与外墙的红铜色相对，室内是全白色的空间。

04 茨城县 Ibaraki-ken

04・茨城县

建筑数量 -04

01 筑波 CAPIO / 谷口吉生
02 古河市综合公园饮食店事务所 / 妹岛和世
03 水户艺术馆 / 矶崎新
04 Santa Chiara 馆 / 白井晟一

lote Zone

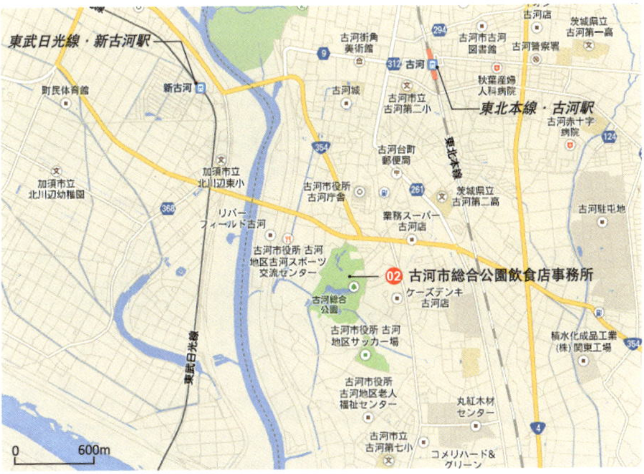

筑波 CAPIO

亥建筑是集合室内运动汤、演剧舞蹈公演、集会场地等功能的文化建筑。大厅的座席配置把观众和表演者更紧密约结合到一起。馆内有中、小会议室、排练室和恢复室等。

古河市综合公园饮食店事务所

这是古河市综合公园内约饮食店事务所。室内没有粗柱子，只有林立约细柱来承受垂直荷载，镜子般的墙面用来抵抗水平荷载，毫无重量感的建筑是典型的妹岛和世的设计风格。

01 筑波 CAPIO
つくばカピオ

建筑师：谷口吉生
地址：茨城県つくば市竹園 1-10-1
类型：体育建筑 / 室内综合馆
年代：1996
面积：9130 m^2
备注：http://www.capio.tsukubacity.or.jp/index.htm

02 古河市综合公园饮食店事务所
古河市総合公園飲食店事務所

建筑师：妹岛和世
地址：茨城県古河市鴻巣字中山 339-1
类型：商业建筑 / 餐厅
年代：1998
备注：http://www.koga-kousya.or.jp/koga-park/

03 **水户艺术馆**
水戸芸術館

建筑师：矶崎新
地址：茨城県水戸市五軒町1-6-8
类型：文化建筑 / 美术馆
年代：1990
面积：22432 m²
备注：http://arttowermito.or.jp/

04 **Santa Chiara 馆**
サンタ·キアラ館

建筑师：白井晟一
地址：茨城県日立市大みか町6-11-1
类型：宗教建筑 / 教堂
年代：1974
面积：1047 m²
备注：无

Note Zon

水户艺术馆

建筑位于水户市中心，是作为建市100周年纪念而建设的艺术馆。设计之初由美术、音乐、戏剧等各部门负责人与设计者协商确定各项必要的功能，为该美术馆筹集了基金并制定了“艺术监督制度”，所以即便市长变更，通过基金仍可以继续支持艺术馆的活动。

Santa Chiara 馆

茨城基督教大学内的礼拜堂。随处突出砖块的红砖墙是建筑的最大特点，贴砖块的曲面外观也是该建筑师在其他作品中也比较爱用的手法。建筑层高很低，给人成熟稳重的印象。

05 千叶县 Chiba-ken

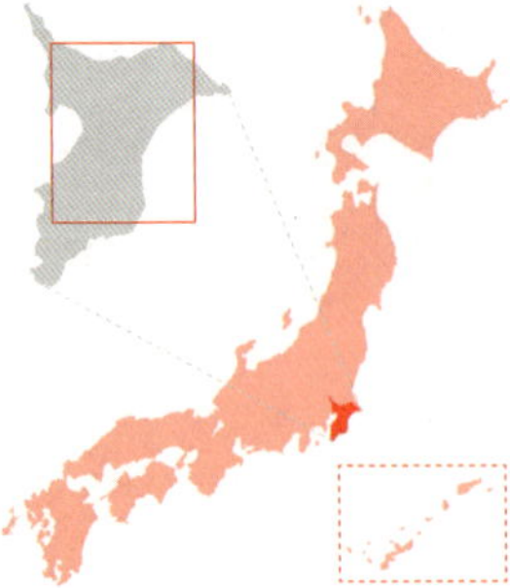

05・千叶县

建筑数量 -05

01 千叶大学纪念讲堂 / 桢文彦
02 千叶县立中央图书馆 / 大高正人
03 千叶县文化会馆 / 大高正人
04 幕张 Messe / 桢文彦
05 HOKI 美术馆 / 日建设计

Note Zone

01 千叶大学纪念讲堂
千葉大学記念講堂

建筑师：桢文彦
地址：千葉県千葉市中央区亥鼻 1-8-1
类型：观赏建筑 / 讲堂
年代：1962
备注：无

千叶大学纪念讲堂

这是桢文彦在担任哈佛大学副教授时设计的，由竹中工务店担任建造的大学讲堂。四角的柱状楼梯间所支撑起的台状外观像四脚生物一样伏在自然环境良好的大学内。

02 千叶县立中央图书馆
千葉県立中央図書館

建筑师：大高正人
地址：千葉県千葉市中央区市場町 11-1
类型：科教建筑 / 图书馆
年代：1968
面积：6171 m^2
备注：http://www.library.pref.chiba.lg.jp/

千叶县立中央图书馆

这是位于亥鼻公园内的中央图书馆，与自然融合得非常协调。基地内利用高差做出循序渐进的富有表现力的建筑形体，这是该时期大高正人常用的设计手法。

03 千叶县文化会馆
千葉県文化会館

建筑师：大高正人
地址：千葉県千葉市中央区市場町 11-2
类型：文化建筑 / 会馆
年代：1967
面积：12452 m^2
备注：http://www.cbs.or.jp/chiba/index.html

千叶县文化会馆

在亥鼻公园内建造的文化会馆。建筑强调了低层的水平性，是一个细长型的体量。在基地最低的位置上设置了大厅，由此抑制了建筑的高度。进入入口后是带天窗采光的金字塔型门厅，在该建筑的旁边是被称为“圣贤堂”的小别馆。

Note Zone

幕张 Messe

建筑功能包含国际展示场和事务大厅等，长达530米的覆盖整个展示场的巨大屋顶是最瞩目的部分。屋顶自然光的引入像安装了顶灯一样，这为室内提供了良好的采光条件。

HOKI 美术馆

美术馆毗邻昭和森林公园，通过引入自然光的展示空间，想要实现边在森林中穿行边欣赏绘画的效果。人们可以在这里赏画、品酒、品尝美食、欣赏自然环境，虽然是美术馆但考虑了美术馆之外的事情，设计中平等对待所有人的活动。另外全馆使用长寿命LED灯光进行展示照明，这在世界范围内也是少见的。

04 幕张 Messe
幕張メッセ

建筑师：桢文彦
地址：千葉県千葉市美浜区中瀬 2-1
类型：文化建筑 / 讲堂
年代：1989
面积：88940 m²
备注：http://www.m-messe.co.jp/

05 HOKI 美术馆
ホキ美術館

建筑师：日建设计
地址：千葉県千葉市緑区あすみが丘東 3-15
类型：文化建筑 / 美术馆
年代：2010
面积：3720 m²
备注：http://www.hoki-museum.jp/about/

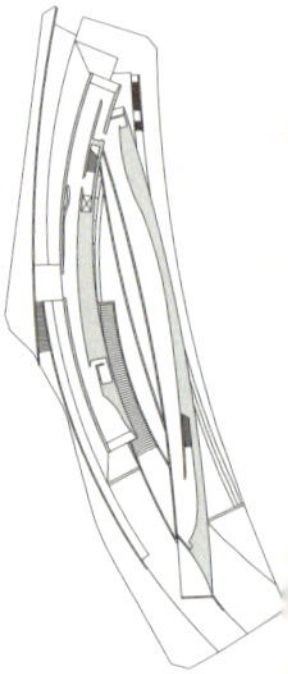
HOKI 美术馆・平面图

06 神奈川県

kanagawa-ken

06・神奈川县

建筑数量 -10

01 横滨 OSAN 桥国际客船码头 / FOA
02 大仓山的集合住宅 / SANAA
03 集合住宅 XYSTUS / 山本理显
04 藤泽市秋叶台文化体育馆 / 桢文彦
05 藤泽市湘南台文化中心 / 长谷川逸子
06 横须贺美术馆 / 山本理显
07 神奈川县立近代美术馆・镰仓馆 / 坂仓准三
08 神奈川工科大学 KAIT 工房 / 石上纯也
09 真鹤町立中川一政美术馆 / 柳泽孝彦
10 POLA 美术馆 / 安田幸一 + 日建设计

立川市
小平市
西東京市
国分寺市
武蔵野市
西武新宿線
中野区
文京区
台東区
墨田区
江戸川区
中央本線
杉並区
新宿区
千代田区
国立市
小金井市
三鷹市
京王井の頭線
中央区
日野市
府中市
江東区
荒川
調布飛行場
調布市
渋谷区
港区
京王線
世田谷区
多摩市
稲城市
多摩川
狛江市
目黒区
京葉線
小田急多摩線
東京都
東京港
ディズニー
小田急小田原線
品川区
東京モノレール
東急池上線
東急東横線
グリーンライン
大田区
羽田空港
町田市
京浜急行線
京急大師線
多摩川
川崎市
横浜線
小田急小田原線
東海道新幹線
座間市
八王子街道
鶴見川
大和市
首都高速湾岸線
東京湾アクアライン
東京湾
横浜市
綾瀬市
相鉄いずみ野線
相模線
ブルーライン
東京湾
藤沢市
茅ヶ崎市
鎌倉市
江の島
逗子市
横須賀港
富津市
横須賀線
横須賀市
京急本線
大楠山
相模湾
浦賀水道
内房線
三浦半島
三浦市
南房総市
01
02
03
04
05
06
07

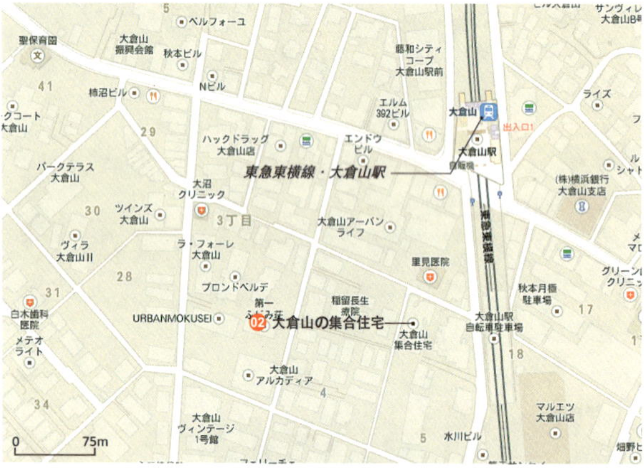

---

01 横滨 OSAN 桥国际客船码头
横浜大さん橋国際客船ターミナル

建筑师：FOA
地址：神奈川県横浜市中区海岸通 1-1
类型：交通建筑 / 码头
年代：2002
面积：44000 m^2
备注：http://www.osanbashi.com/

02 大仓山的集合住宅
大倉山の集合住宅

建筑师：SANAA / 妹岛和世 + 西泽立卫
地址：神奈川県横浜市港北区大倉山
类型：居住建筑 / 集合住宅
年代：2008
面积：1041179 m^2
备注：http://www.smt.jp/

Note Zone

横滨 OSAN 桥国际客船码头

这是经过国际竞赛选出的伊朗和西班牙建筑师的团体优胜方案。建筑特色是由波浪起伏的木材甲板构成的屋顶。由于外表使用木材，所以天井使用了耐火钢，这使内部空间显得有些暗。

大仓山的集合住宅

这是东横线大仓山站附近的九户集合住宅。在平面上，长方形的平面内有像变形虫形状一样的中庭，其余部分是建筑空间，在立面上有底层架空和屋顶平台，创造出了非常复杂的形态。

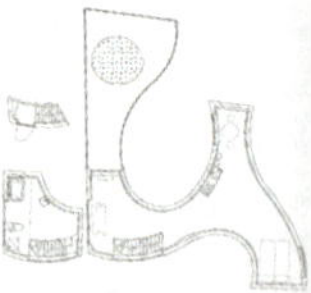

大仓山的集合住宅・平面图

Note Zone

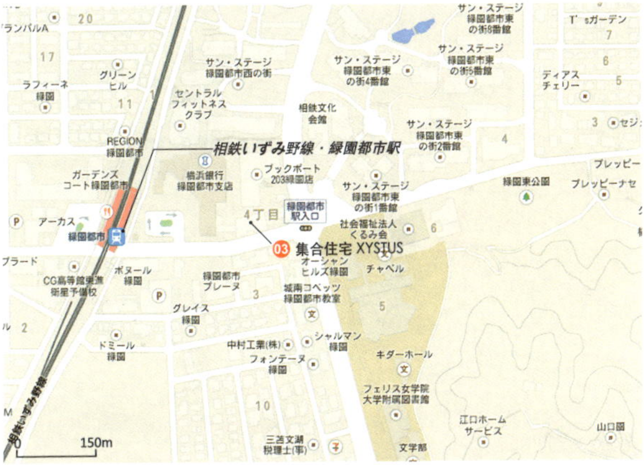

03 集合住宅 XYSTUS
集合住宅 XYSTUS

建筑师：山本理显
地址：神奈川県横浜市泉区緑園 4-1-6
类型：居住建筑 / 集合住宅
年代：1992
面积：2686 m²
备注：无

04 藤泽市秋叶台文化体育馆
藤沢市秋葉台文化体育館

建筑师：桢文彦
地址：神奈川県藤沢市遠藤 2000-1
类型：体育建筑 / 体育馆
年代：1984
面积：11100 m²
备注：http://www.city.fujisawa.kanagawa.jp/outline/index00035.shtml

集合住宅 XYSTUS

这是山本理显在相铁线绿园都市站东侧建造的建筑。底层是出租屋，上层为集合住宅，建筑中央设轴线，行人可以通过建筑到达与车站相连的桥。集合住宅部分内有通过住户和通道围合而成的小广场。

藤泽市秋叶台文化体育馆

这是一座包含主、副场馆和饭店的体育馆。副馆采用斜拉结构，主馆拥有长达80米的大跨度拱顶，其材料是与东京体育馆和幕张展览馆同样的不锈钢。

Note Zone

05 藤泽市湘南台文化中心
藤沢市湘南台文化センター

建筑师：长谷川逸子
地址：神奈川県藤沢市湘南台 1-8
类型：文化建筑 / 综合文化中心
年代：1990
面积：14315 m²
备注：http://www.kodomokan.fujisawa.kanagawa.jp/

藤泽市湘南台文化中心

这是1986年竞赛的最佳方案，建筑功能包含儿童馆、公民馆、市民剧院和天文馆等。穿孔金属板构成的前庭以及寓意地球仪和宇宙仪的两个球形主体，与屋顶绿化之间形成了强烈的对比。

06 横须贺美术馆
横須賀美術館

建筑师：山本理显
地址：神奈川県横須賀市鴨居 4-1
类型：文化建筑 / 美术馆
年代：2006
面积：12095 m²
备注：http://www.yokosuka-moa.jp/

横须贺美术馆

美术馆位于观音崎公园内，基地被北侧的海以及三面的山围绕。为了利用倾斜的地形，利用了较多的地下空间，主体采用白色铁板外套玻璃箱体的二重构造。

Note Zone

神奈川县立近代美术馆·镰仓馆

美术馆以中庭为中心布置展室，在竞赛方案中，从二层展室的东西两侧均可进行增筑。这一理念源自坂仓的老师柯布西耶1939年发表的“无限生长的美术馆”这一概念。

神奈川工科大学 KAIT 工房

在2000平方米的空间中有305根白色细柱，其中42根承担垂直荷载，263根承担水平荷载。柱子无规则配置，与植物、家具一起呈现出不规则的形态，建筑平面是稍稍变形的正方形。

神奈川工科大学 KAIT 工房·平面图

07 神奈川县立近代美术馆·镰仓馆
神奈川県立近代美術館·鎌倉館

建筑师：坂仓准三
地址：神奈川県鎌倉市雪ノ下 2-1-53
类型：文化建筑 / 美术馆
年代：1951
面积：1575 m²
备注：http://www.moma.pref.kanagawa.jp/

08 神奈川工科大学 KAIT 工房
神奈川工科大学 KAIT 工房

建筑师：石上纯也
地址：神奈川県厚木市下荻野 1030
类型：科教建筑 / 学校
年代：2009
面积：1989 m²
备注：http://www.kait.jp/~kaitkobo/

Note Zone

09 真鹤町立中川一政美术馆
真鶴町立中川一政美術館

建筑师：柳泽孝彦
地址：神奈川県足柄下郡真鶴町真鶴 1178-1
类型：文化建筑 / 美术馆
年代：1988
面积：903 m^2
备注：http://www.town-manazuru.jp/museum/

10 POLA 美术馆
ポーラ美術館

建筑师：安田幸一＋日建设计
地址：神奈川県足柄下郡箱根町仙石原小塚山 1285
类型：文化建筑 / 美术馆
年代：2002
面积：8098 m^2
备注：http://www.polamuseum.or.jp/index.php

真鹤町立中川一政美术馆

建筑沿着所在的斜坡等高线呈现细长的形态，安装有屋顶采光的连续铜板屋顶以及钢筋混凝土墙体是这座建筑的特点。休息厅、展示空间和茶室均有中庭可以喝茶，这使空间呈现出了开放的态度。

POLA 美术馆

这是位于箱根山上的美术馆，收藏有莫奈、塞尚、卢梭、西斯莱等著名画家的作品。建筑通过“箱根的自然与美术共生”这一理念，想要与周围环境相融合。美术馆大部分设在地下，采用了纤维照明技术。

栃木县

Tochigi-ken

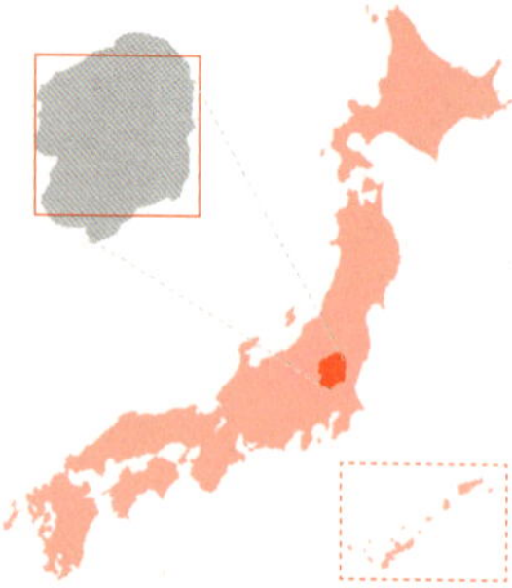

07・栃木县

建筑数量 -05

01 日光东照宫
02 日光田母泽御用邸
03 旧意大利大使馆夏季别墅 / 安东尼・雷蒙德
04 马头町广重美术馆 / 隈研吾
05 CHO 藏广场 / 隈研吾

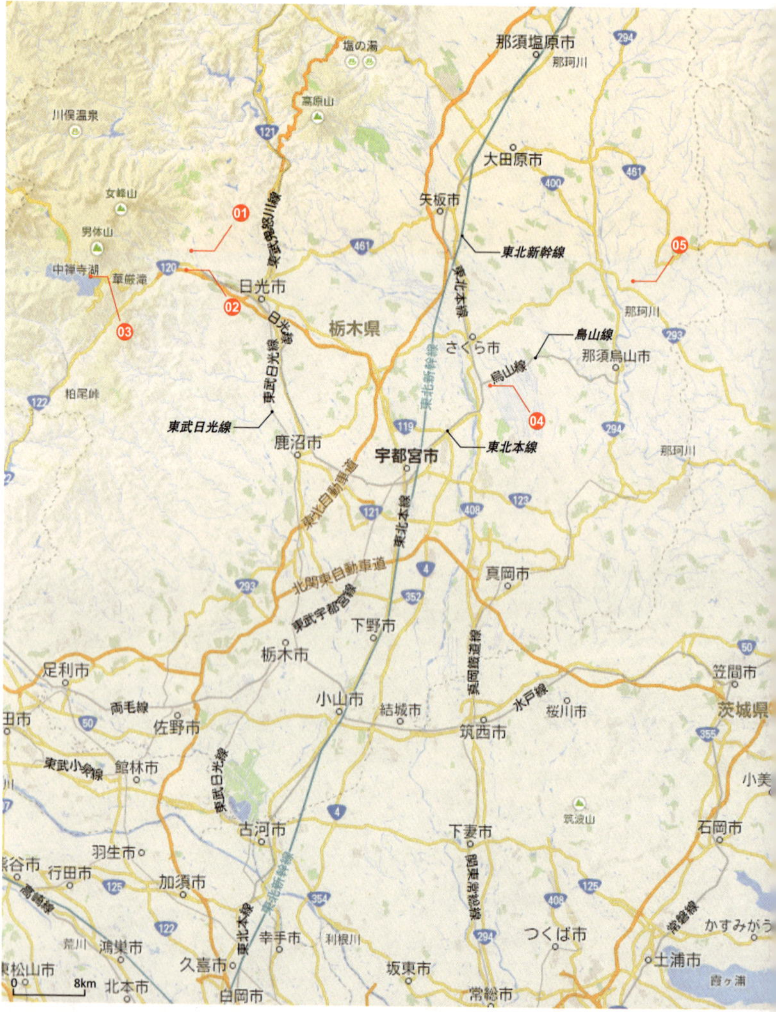

ote Zone

日光东照宫

日光东照宫是供奉德川幕府三代将军家光的神社，建筑物已全部被指定为日本国宝及重要文化财产，1999年12月包含日光东照宫在内，“日光的社寺”已被录入世界遗产。

日光田母泽御用邸

田母泽御用邸建筑群1899年创设，现在的建筑并非全部是当时所建。其中包括了最初的小林家别墅、也有从东京和赤坂离宫的东宫御所移筑的建筑。此后在大正时代大规模兴建，从而集合了江户、明治、大正时代的建筑样式。

旧意大利大使馆夏季别墅

建筑坐落在中禅寺湖边，由栃木县购买、改修并对外开放。外墙及一层均使用了杉树皮，但由于预算的原因，二层内部装饰没有使用杉树皮。为保护环境，车辆无法接近，可以从中禅寺湖远望并步行到达。

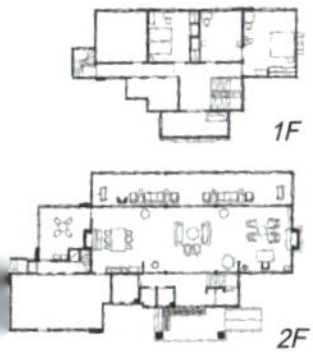

旧意大利大使馆夏季别墅 · 平面图

01 日光东照宫
日光東照宮

地址：栃木県日光市山内 2301
类型：宗教建筑 / 宫殿
年代：1617
占地面积：49000 m²
备注：http://www.toshogu.jp/

02 日光田母泽御用邸
日光田母沢御用邸

地址：栃木県日光市本町 8-27
类型：居住建筑 / 住宅
年代：1968
面积：4471 m²
备注：http://www.park-tochigi.com/tamozawa/

03 旧意大利大使馆夏季别墅
旧イタリア大使館夏季別荘

建筑师：安东尼 · 雷蒙德
地址：栃木県中宫祠 2482
类型：居住建筑 / 住宅
年代：1928
面积：370 m²
备注：http://www.park-tochigi.com/tamozawa/

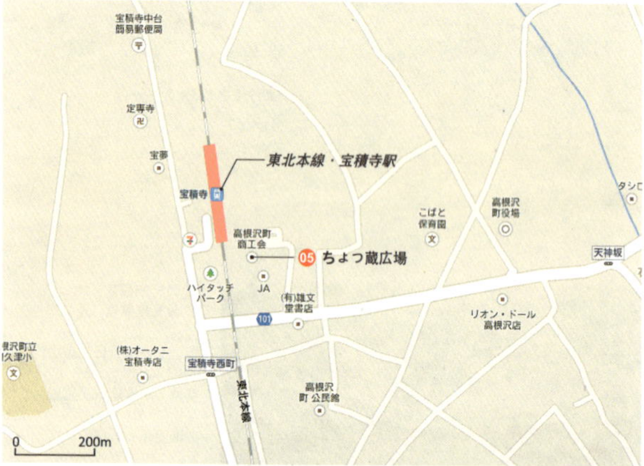

04 马头町广重美术馆
馬頭町広重美術館

建筑师：隈研吾
地址：栃木県那須郡那珂川町馬頭 116-9
类型：文化建筑 / 美术馆
年代：2000
面积：1962 m²
备注：http://www.hiroshige.bato.tochigi.jp/batou/hp/index.html

05 CHO 藏广场
ちょっ蔵広場

建筑师：隈研吾
地址：栃木県高根沢町宝積寺 2416
类型：文化建筑 / 多目的展示场
年代：2000
面积：607 m²
备注：http://www.tochigiji.or.jp/6628.html

马头町广重美术馆

该建筑是展示了包括安藤广重在内的艺术家作品的美术馆。隈研吾的设计理念是"能够表现广重的艺术和传统的建筑外观"，因此建筑整体是一层大屋顶的形式。外壁和内装分别使用了杉木，对其进行了防火及防腐处理。

CHO 藏广场

该建筑是位于宇都宫高根站的多功能展示场。外墙是通过钢结构外挂折线形大谷石堆积起来，天井的设计也配合了这种形式，从而在内部空间形成了菱形交叉的光影效果。

东京都 Tokyo

08 · 东京都

建筑数量 -117

01 东京都新厅舍 / 丹下健三
02 Mode 学园中心 / 丹下宪孝
03 早稻田大学大久保校区新研究栋 / 铃木恂+古谷诚章
04 GA 展馆 · 书店 / 铃木恂
05 东京基督教堂 / 桢文彦
06 国立代代木体育馆 / 丹下健三
07 明治神宫
08 东急广场 · 表参道原宿 / 中村拓志
09 GYRE / MVRDV + 竹中公务店
10 迪奥表参道店 / SANAA
11 hhstyle.com 原宿总店 / 妹岛和世
12 表参道 Hills / 安藤忠雄
13 路易威登表参道店 / 青木淳
14 TOD'S 表参道店 / 伊东丰雄
15 ONE 表参道 / 隈研吾
16 SPIRAL / 桢文彦
17 Carina store / 妹岛和世
18 PRADA 青山店 / 赫尔佐格与德梅隆
19 "FROM-1ST" BUILDING / 山下和正
20 COLLEZIONE / 安藤忠雄
21 根津美术馆 / 隈研吾
22 涉谷区立松涛美术馆 / 白井晟一
23 SIA 青山大楼 / 青木淳
24 代官山 · 茑屋书店 / Klein Dytham
25 代官山 HILLSIDE TERRACE / 桢文彦
26 Sarugaku / 平田晃久+吉原美比古
27 塔之家 / 东孝光
28 WATARI-UM / 马里奥 · 博塔
29 TERRAZZA / 竹山圣
30 六本木 Hills 森大楼 / KPF
31 OXY 乃木坂 / 竹山圣
32 路易威登六本木 Hills 店 / 青木淳
33 国立新美术馆 / 黑川纪章
34 东京中城 / SOM + 日建设计
35 三得利美术馆 · 东京 / 隈研吾
36 21_21 DESIGN SIGHT / 安藤忠雄
37 TOTO 展览馆 · 间
38 静冈新闻 · 静冈放送东京支社 / 丹下健三
39 东京银座资生堂大楼 / Ricardo Bofill Leví
40 雅马哈银座大楼 / 日建设计
41 Nicolas G. Hayek 中心 / 坂茂
42 优衣库银座店 / Klein Dytham
43 TASAKI 银座总店 / 乾久美子
44 路易威登银座店 / 青木淳
45 迪奥银座 / 乾久美子
46 阿玛尼银座店 / Massimiliano

and Doriano Fuksas
47 Maison Hermes / 伦佐 · 皮亚诺
48 MIKIMOTO Ginza 2 / 伊东丰雄
49 蒂芙尼银座 / 隈研吾
50 新歌舞伎剧场 / 隈研吾 + 三菱地所设计
51 日本桥高岛屋（日本生命馆）/ 村野藤吾
52 东京国际会议中心 / Rafael Viñoly
53 东京车站 / 辰野金吾
54 日本生命日比谷大楼 / 村野藤吾
55 中银舱体大楼 / 黑川纪章
56 尾崎纪念会馆 / 海老原一郎
57 昭和馆 / 菊竹清训
58 东京国立近代美术馆 / 谷口吉郎
59 NOA 大楼 / 白井晟一
60 圣 Alban 教堂 / 安东尼 · 雷蒙德
61 土浦龟城自宅 / 土浦龟城
62 天主教目黑教堂 / 安东尼 · 雷蒙德
63 原美术馆 / 渡边仁
64 大和国际 / 原广司
65 森山邸 / 西泽立卫
66 东云集合住宅 CODAN / 山本理显等
67 葛西临海公园休息设施 / 谷口吉生
68 科威特驻日大使馆 / 丹下健三
69 芝浦的办公楼 / 妹岛和世
70 东京都现代美术馆 / 柳泽孝彦
71 东京国际展示场 / 佐藤综合设计
72 富士电视台总部大楼 / 丹下健三
73 浅草文化观光中心 / 隈研吾
74 浅草寺
75 善照寺本堂 / 白井晟一
76 东京都江户东京博物馆 / 菊竹清训
77 东京武道馆 / 六角鬼丈
78 东京大学情报学环福武大厅 / 安藤忠雄
79 东京大学本部厅舍 / 丹下健三
80 东京大学法学部 4 号馆 / 大谷幸夫
81 东京大学御殿下纪念馆 / 芦原义信
82 东京大学弥生讲堂一条大厅 / 香山寿夫
83 东京艺术大学奏乐堂 / 冈田新一
84 东京艺术大学美术馆 / 六角鬼丈
85 国际儿童图书馆 / 安藤忠雄
86 东京国立博物馆法隆寺宝物馆 / 谷口吉生
87 东京都美术馆 / 前川国男
88 国立西洋美术馆 / 勒 · 柯布西耶
89 东京文化会馆 / 前川国男
90 大江户线饭田桥车站 / 渡边诚
91 东京天主教圣玛利亚大教堂 / 丹下健三
92 Sky House / 菊竹清训
93 自由学园明日馆 / 弗兰克 · 劳埃德 · 赖特
94 东京艺术剧场 / 芦原义信
95 剧场 · 高圆寺 / 伊东丰雄
96 Mado 大楼 / 犬吠工作室
97 世田谷美术馆 / 内井昭藏
98 东京圣十字教堂 / 安东尼 · 雷蒙德
99 世田谷区立乡土资料馆 / 前川国男
100 村井正诚纪念美术馆 / 隈研吾
101 东京工业大学 70 周年纪念讲堂 / 谷口吉郎
102 东京工业大学百年纪念馆 / 筱原一男
103 东京大学驹场校区教学栋 / 原广司
104 旧猪股住宅 / 吉田五十八
105 成城集合住宅 / 妹岛和世
106 Tokyo Apartment / 藤本壮介
107 前川国男自宅 / 前川国男
108 三鹰天命反转住宅 / 荒川修作
109 日本路德神学大学 / 村野藤吾
110 武藏野综合文化设施 / kw+hg architect
111 武藏野美术大学图书馆 / 藤本壮介
112 武藏野美术大学美术资料图书馆 / 芦原义信
113 武藏野美术大学 4 号馆 / 芦原义信
114 多摩美术大学图书馆 / 伊东丰雄
115 八王子研讨会设施 / 吉阪隆正
116 千寻美术馆 / 内藤广
117 福生市厅舍 / 山本理显

Note Zon

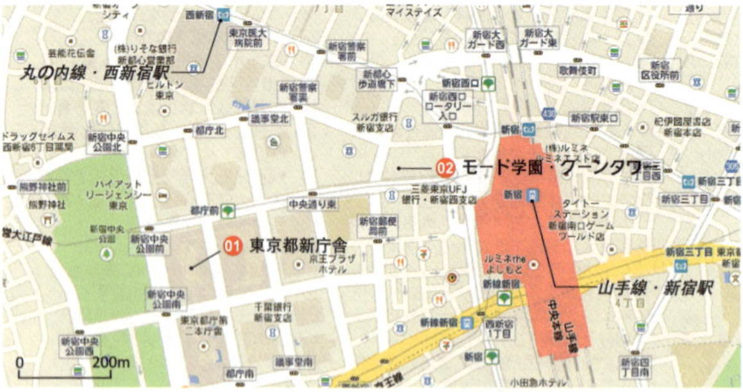

01 **东京都新厅舍**
東京都新庁舎

建筑师：丹下健三
地址：新宿区西新宿 2-8-1
类型：办公建筑
年代：1991
面积：380502 m^2
备注：无

02 **Mode 学园中心**
モード学園コクーンタワー

建筑师：丹下宪孝
地址：新宿区西新宿 1-7-3
类型：科教建筑 / 学校
年代：2008
面积：80903 m^2
备注：http://www.mode.ac.jp/tokyo/

03 **早稻田大学大久保校区新研究栋**
早稲田大学大久保キャンパス新研究棟

建筑师：铃木恂+古谷诚章
地址：新宿区大久保 3-4-1
类型：科教建筑 / 学校
年代：1993
面积：20893 m^2
备注：无

东京都新厅舍

该建筑是日本东京都的
政府所在地，东京都政
府与东京都议会在此办
公。在建筑样式上走后
现代主义路线，被认为
是以哥特式教堂为蓝本
来设计的，采用了和巴
黎圣母院相似的横三段
和竖三段式立面造型。

Mode 学园中心

在原朝日生命保险总部
大楼的空地上建造，是
一栋超高层专修学校大
楼，它拥有虫茧似的外
观，是学校法人Mode学
园旗下的东京Mode学
园、HAL东京和首都医
校的所在地。该设计获
得了2008年安波利斯摩
天大楼奖金奖。

早稻田大学大久保校区
新研究栋

西早稻田校区的校舍，与
地铁站出入口紧密相连。
两栋高层建筑由开有天
窗的二层高裙房联系起
来。两座高层栋的顶层有
钢桁架连廊相连。

Note Zone

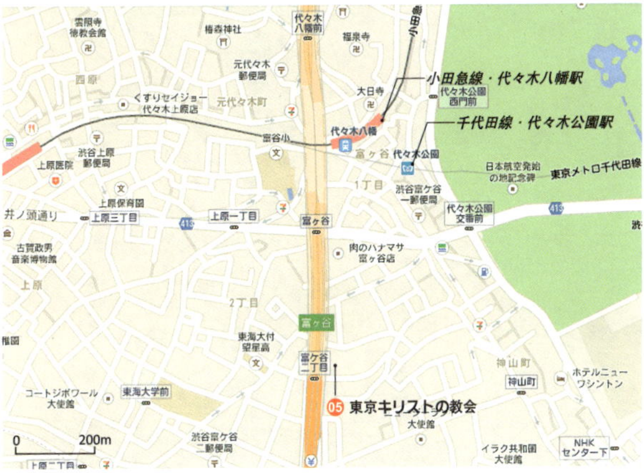

GA 展馆・书店

坐落在千驮谷的建筑专门书店。1972年始建，1983年进行了加建。建筑是建筑摄影家二川幸夫创设的建筑杂志《GA》的办公地点，此外在此还策划和开展一些建筑展览。

东京基督教堂

山手路上的基督教教堂。正面是半透明玻璃幕墙构成的“光之壁”，能白天将外部引入的光柔化，夜晚将内部的光映射出去。

04 GA 展馆・书店
GA ギャラリー

建筑师：铃木恂
地址：渋谷区千駄ケ谷 3-12-16
类型：文化建筑 / 展览馆、书店
年代：1983
面积：309 m²
备注：http://www.ga-ada.co.jp/japanese/index.html

05 东京基督教堂
東京キリストの教会

建筑师：桢文彦
地址：渋谷区富ケ谷 1-30-17
类型：宗教建筑 / 宗教设施
年代：1996
面积：2243 m²
备注：http://tccnet.org/

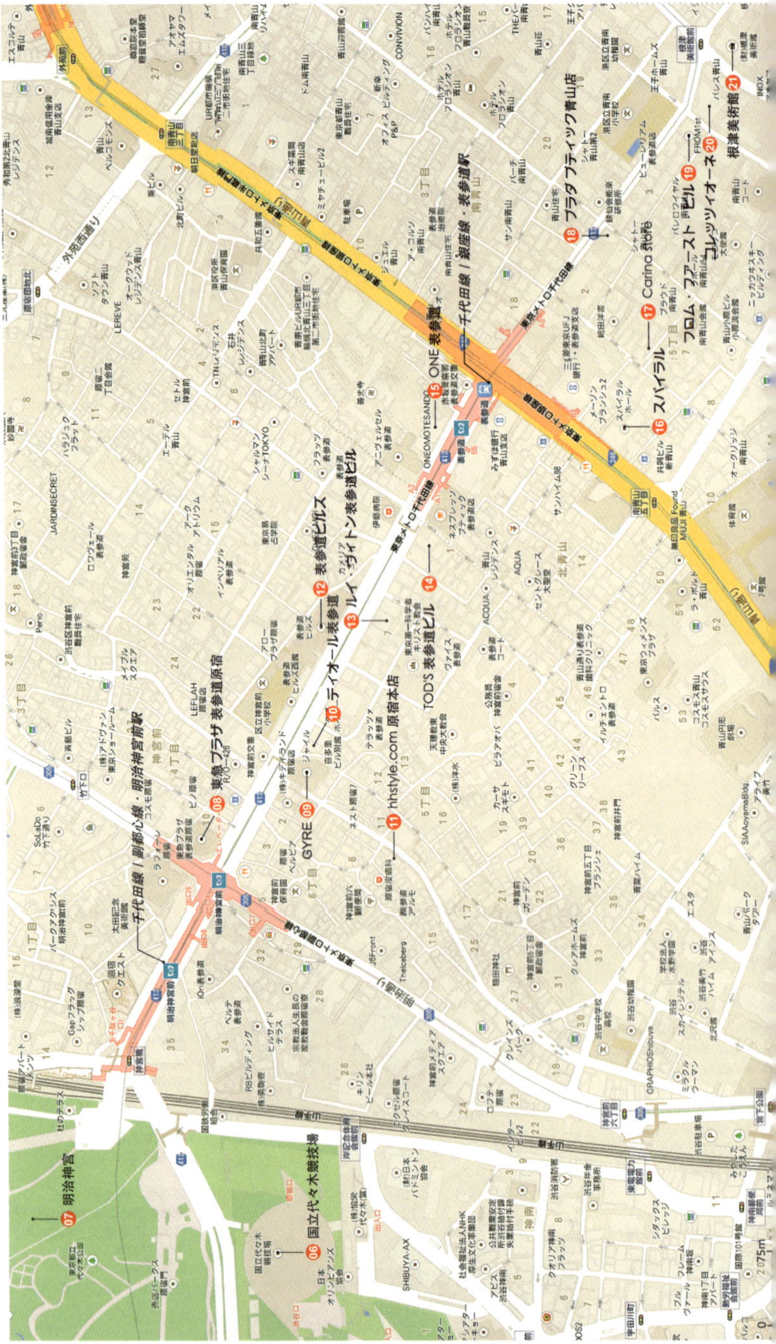

06 国立代々木競技場
07 明治神宮
08 東急プラザ表参道原宿
09 GYRE
10 ディオール表参道
11 hhstyle.com 原宿本店
12 表参道ヒルズ
13 ルイ・ヴィトン表参道ビル
14 TOD'S 表参道ビル
15 ONE 表参道
16 スパイラル
17 Carina
18 プラダ ブティック青山店
19 フロム・ファースト ビル
20 コレッツィオーネ
21 根津美術館
千代田線/副都心線・明治神宮前駅
千代田線/銀座線・表参道駅
75m

Note Zone

国立代代木体育馆

立于日本东京都涩谷区代代木公园内，为1964年东京奥运会修建的主场馆，分为第一体育馆与第二体育馆两部分。全部可容纳10500人。

明治神宫

坐落在东京都涩谷区，地处东京市中心，占地70公顷，紧挨着新宿商业区，占据了从代代木站到原宿站之间的整片地带，是东京市中心除了皇居之外最大的一块绿地。

东急广场 · 表参道原宿

坐落在表参道与神宫前路交叉处的商业建筑。其特点是凹凸的外墙里面有一座屋顶庭园。随着时间的推移庭园的树木越来越茂盛。入口处覆盖大面积的不规则镜面玻璃，呈现有趣的光效果。

GYRE

表参道上的复合商业建筑，由五个相互偏移的箱体罗列而成。各部分空间由外部楼梯和阳台联系在一起。建筑的名称“GYRE”是“漩涡”的意思，这在建筑形体上得到了很充分的体现。

迪奥表参道店

表参道上的这家迪奥店与巴黎的本店并称世界最大的迪奥专卖店。建筑表面全部覆盖透明玻璃幕墙，内层则是用丙烯复合材料做成的半透明垂帘，能够映射出表情不同的光效果。

hhstyle.com 原宿总店

在表参道里侧面的街道内建造的家具店。表面全部覆盖玻璃幕墙，中央设置了缓缓的楼梯坡道，可以像画廊一样在行进中观赏家居商品。

06 国立代代木体育馆
国立代々木競技場

建筑师：丹下健三
地址：涩谷区神南 2-1-1
类型：体育建筑
年代：1964
面积：38650 m^2
备注：http://jpnsport.go.jp/yoyogi/

07 明治神宫
明治神宫

地址：涩谷区代々木神園町 1-1
类型：宗教建筑 / 神社
年代：1920
面积：占地 70 公顷
备注：http://www.meijijingu.or.jp/

08 东急广场 · 表参道原宿
東急プラザ · 表参道原宿

建筑师：中村拓志
地址：涩谷区神宫前 4-30-3
类型：商业建筑
年代：2012
面积：11852 m^2
备注：http://omohara.tokyu-plaza.com/

09 GYRE
GYRE

建筑师：MVRDV +竹中公务店
地址：涩谷区神宫前 5-10-1
类型：商业建筑
年代：2007
面积：9000 m^2
备注：http://gyre-omotesando.com/

10 迪奥表参道店
ディオール表参道

建筑师：SANNA / 妹岛和世 +西泽立卫
地址：涩谷区神宫前 5-9-11
类型：商业建筑 / 店铺
年代：2003
面积：1492 m^2
备注：无

11 hhstyle.com 原宿总店
hhstyle.com 原宿本店

建筑师：妹岛和世
地址：涩谷区神宫前 6-14-2
类型：商业建筑 / 店铺
年代：2000
备注：无

⑫ **表参道**
表参道ヒルズ

建筑师：安藤忠雄
地址：涉谷区神宫前 4-12-10
类型：商业建筑 / 集合住宅、店铺
年代：2006
面积：33916m²
备注：http://www.omotesandohills.com/

⑬ **路易威登表参**
ルイ・ヴィトン表参道ビル

建筑师：青木淳
地址：涉谷区神宫前 5-7-5
类型：商业建筑 / 店铺
年代：2002
面积：3327 m²
备注：无

⑭ TOD'S 表参
TOD'S 表参道ビル

建筑师：伊东丰雄
地址：涉谷区神宫前 5-1-15
类型：商业建筑 / 店铺
年代：2004
面积：2549 m²
备注：无

⑮ ONE 表参道
ONE 表参道

建筑师：隈研吾
地址：港区北青山 3-5-29
类型：商业建筑 / 办公、店铺
年代：2003
面积：7690 m²
备注：无

⑯ SPIRAL
スパイラル

建筑师：桢文彦
地址：港区南青山 5-6-23
类型：商业设施、展览馆
年代：1985
面积：10560 m²
备注：http://www.spiral.co.jp/

⑰ Carina store
Carina store

建筑师：妹岛和世
地址：港区南青山 5-5-20
类型：商业建筑 / 店铺
年代：2009
备注：无

Note Zone

表参道 Hills

中文经常译为表参道之丘，由于地处东京著名景点之一的表参道而得名。建筑基地是道路旁边的狭长区域，由于是斜坡的地区，不能建造高层建筑，建筑地形比较难处理。

路易威登表参道店

表参道沿线著名建筑师设计的最早的品牌店之一，外观呈现出卡车车厢的形象，表示路易威登最早是卡车后备箱制造商的历史。表面用多种材料合成的面板形成双层表皮，呈现出变化多样的形象。

TOD'S 表参道店

意大利皮革制造商的店铺，外壁的造型模仿了表参道上种植的榉树，用混凝土再现出了榉树树枝的形象。建筑是钢结构体系，构造隐藏在表皮后面。

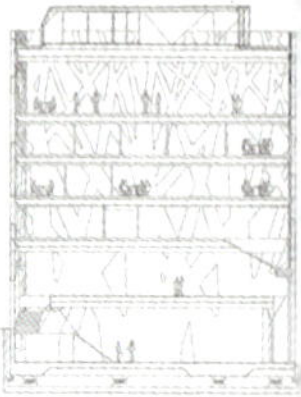

TOD'S 表参道店・剖面图

ONE 表参道

表参道上的又一家路易威登品牌店。使用长8.4米、宽45厘米，厚10厘米的日本落叶松木板，以60厘米间隔排列作为外墙的遮阳板，内部集合了店铺、办公空间和住宅等功能。

SPIRAL

这是一座以多功能大厅为中心，集合了餐厅、酒吧、杂货商店、沙龙等多种功能的综合型建筑，从1985年投入使用之后，就以“生活与艺术的融合”为概念开展一系列活动，如现代美术和设计展会等。

Carina store

这是一个母婴用品商店，空间结构非常简单，但外表面的做法十分独特：外墙由白色铁制网板构成，内墙则是玻璃幕墙的双层表皮。

Note Zone

PRADA 青山店

该建筑采用将结构与装饰合二为一的设计，外立面的格子同时是支撑重量的结构，建筑基础使用了避震装置。这座建筑曾获得日本构造技术者协会的JSCA作品赏。

"FROM-1ST" BUILDING

在滨野商品研究所的原址上建造起来的复合商业大楼，外墙全部覆盖红褐色瓷砖，有节奏感的倾斜天窗将光线引入室内。内部中间的回廊围绕着中庭，路线设计非常复杂。

"FROM-1ST" BUILDING · 剖面图

COLLEZIONE

该建筑的建造当时为了不破坏周边的环境，大部分被埋入地下，以控制地上高度。虽然如此，地下部分却由于巧妙的设计拥有充足的采光。

根津美术馆

占地宽阔的东洋美术馆，原设计为今井兼次，之后由隈研吾进行了改造的项目。悬空大屋顶下是地上两层和地下一层的室内空间，共有六间画廊。围绕建筑的回廊处在建筑外墙与竹林之间，非常静谧。

18 PRADA 青山店
プラダ ブティック青山店

建筑师：赫尔佐格与德梅隆
地址：港区南青山 5-2-6
类型：商业建筑 / 店铺
年代：2003
面积：2800 m²
备注：无

19 "FROM-1ST" BUILDING
フロム・ファースト・ビル

建筑师：山下和正
地址：港区南青山 5-3-10
类型：商业建筑 / 商业设施、办公
年代：1975
面积：4906 m²
备注：无

20 COLLEZIONE
コレッツィオーネ

建筑师：安藤忠雄
地址：港区南青山 6-1-3
类型：商业建筑
年代：1989
面积：5710 m²
备注：无

21 根津美术馆
根津美術館

建筑师：隈研吾
地址：港区南青山 5-3-10
类型：文化建筑 / 美术馆
年代：2009
面积：4014 m²
备注：http://www.nezu-muse.or.jp/

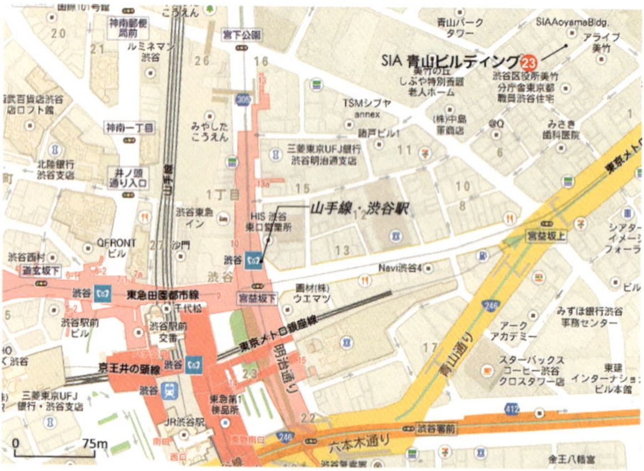

22 **涉谷区立松涛美术馆**
渋谷区立松濤美術館

建筑师：白井晟一
地址：渋谷区松濤 2-14-14
类型：文化建筑 / 美术馆
年代：1980
面积：2027 m²
备注：http://www.shoto-museum.jp/

23 **SIA 青山大楼**
SIA 青山ビルディング

建筑师：青木淳
地址：渋谷区渋谷 1-3-3
类型：办公建筑 / 办公楼
年代：2008
面积：4946 m²
备注：无

Note Zone

涉谷区立松涛美术馆

在涉谷区松涛高级住宅区内建造的美术馆。由于住宅区建筑层高的限制，美术馆地上只有两层，地下埋入剩下的两层空间。建筑外墙使用花岗岩精巧的做成曲面，上面是铜板屋顶。

SIA 青山大楼

地处青山区，是一座具有白色外观、不规则分布着七种规格窗户的塔状办公大楼。建筑内部分为九层，正方形平面上的四角做了圆角处理，使建筑形态变得更加柔美。

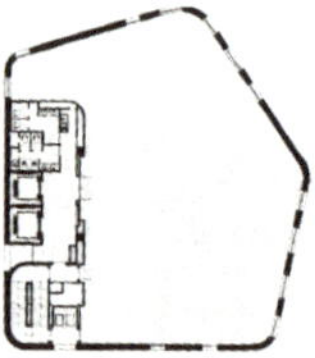

SIA 青山大楼·平面图

Note Zone

代官山・茑屋书店

是日本最大的连锁书店“茑屋”在代官山的旗舰店，也是一座兼顾商业、休闲的复合型商场，可以说是对新型书店理念的探索。立面以玻璃纤维材料制作的“T”形单元拼合，形成了别具特色的外表。

24 代官山・茑屋书店
代官山・蔦屋書店

建筑师：Klein Dytham
地址：涩谷区猿楽町 17-5
类型：文化建筑 / 书店
年代：2011
面积：2486 m^2
备注：http://tsite.jp/daikanyama/store-service/tsutaya.html

代官山 HILLSIDE TERRACE

这是在涉谷区旧山手路沿线集住宅、店铺和办公于一体的综合建筑，是槇文彦的代表作之一。建筑分为四期依次建造，在代官山区域形成了商住混合的多功能城市形态。

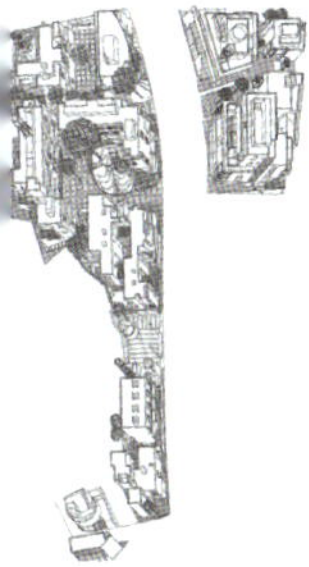

代官山 HILLSIDE TERRACE · 轴测图

25 代官山 HILLSIDE TERRACE
代官山ヒルサイドテラス

建筑师：桢文彦
地址：涉谷区猿楽町
类型：居住建筑 / 集合住宅、商业设施
年代：1969-1992
备注：http://www.hillsideterrace.com/index2.html

Sarugaku

沿代官山的小路建造的商业建筑，由六个小规模的店铺组成，中央道路将它们联系在一起。建筑群的理念是将建筑抽象成山，路抽象成谷。建筑外墙是统一的白色，在上面有纵向的开窗。

26 Sarugaku
Sarugaku

建筑师：平田晃久+吉原美比古
地址：涉谷区猿楽町 26－2
类型：商业建筑
年代：2007
面积：851 m^2
备注：无

27 塔之家
塔の家

建筑师：东孝光
地址：涉谷区神宫前 3-39-5
类型：居住建筑 / 住宅
年代：1966
面积：65 m²
备注：无

28 WATARI-UM
ワタリウム

建筑师：马里奥・博塔
地址：涉谷区神宫前 3-7-6
类型：文化建筑 / 美术馆、商业设施
年代：1990
面积：627 m²
备注：http://tccnet.org/

29 TERRAZZA
テラッツァ

建筑师：竹山圣
地址：涉谷区神宫前 2-8-2
类型：商业建筑 / 商业设施、办公
年代：1991
面积：6883 m²
备注：无

塔之家

在仅有20.6平方米的用地内建造的建筑师自宅，周围是都市中心林立的高级店铺。建筑内部是从上到下贯通的一体空间，充分体现了当时建筑师对于都市生活的理解。

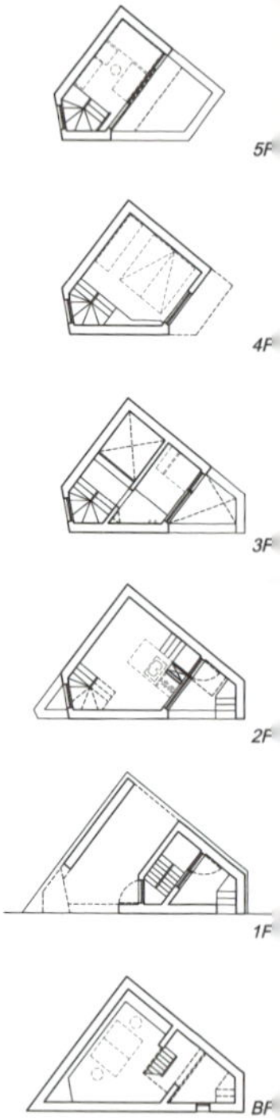

塔之家・平面图

WATARI-UM

这是在等腰直角三角形用地内建造的美术馆兼住宅。楼梯全部在建筑之外，现浇混凝土的黑色条纹使建筑性格显得很严肃。二层以上是美术馆，一层及地下是影院、商店。

TERRAZZA

这是一座包含俱乐部、餐厅和办公楼的综合建筑。现浇混凝土外表使建筑看上去颇具威严。三根巨大的混凝土柱形体后面是倾斜的墙壁，围合成了宽阔的空间，屋顶是圆形室外剧场。

30 六本木 Hills 森大楼

六本木ヒルズ森タワー

建筑师：KPF

地址：港区六本木 6-10-1

类型：商业建筑 / 商业综合设施

年代：2003

面积：379500 m^2

备注：http://www.roppongihills.com/guide/

六本木 Hills 森大楼

这是一座核心筒结构的超高层综合建筑，底层部分是购物中心，中层是写字楼，上层是会员制文化设施和美术馆，屋顶是展望台。可以说它是六本木地区的标志性建筑物。

31 OXY 乃木坂

OXY 乃木坂

建筑师：竹山圣

地址：港区六本木 7-2-8

类型：办公建筑 / 办公楼

年代：1987

面积：1040 m^2

备注：无

OXY 乃木坂

日本经济泡沫时代的建筑，呈四分之一圆弧的面向街道的墙体在街角地形成了一个三角空间，它作为珠宝展示场将室内空间自然地过渡到了室外。

32 路易威登六本木 Hills 店
ルイ · ヴィトン六本木ヒルズ店

建筑师：青木淳
地址：港区六本木 6-12-3
类型：商业建筑 / 店铺
年代：2003
备注：无

33 国立新美术馆
国立新美術館

建筑师：黑川纪章
地址：港区六本木 7-22-2
类型：文化建筑 / 美术馆
年代：2006
面积：48000 m^2
备注：http://www.nact.jp/

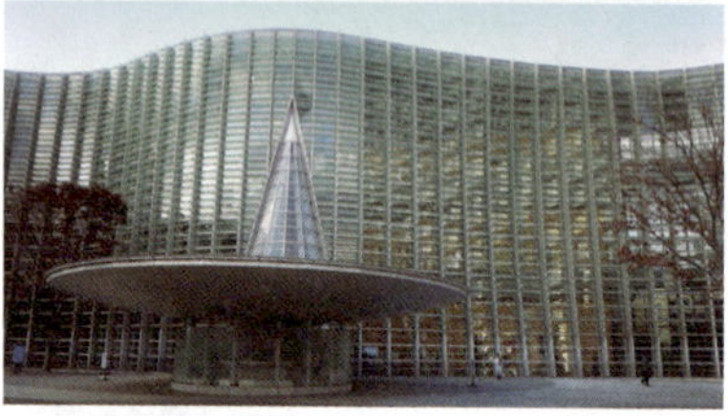

34 东京中城
東京ミッドタウン

建筑师：SOM + 日建设计
地址：東京都港区赤坂 9 丁目
类型：商业建筑 / 商业综合设施
年代：2007
面积：569000 m^2
备注：http://www.tokyo-midtown.com/jp/index.html

35 三得利美术馆 · 东京
サントリー美術館 · 東京

建筑师：隈研吾
地址：港区赤坂 9-7-4
类型：文化建筑 / 美术馆
年代：2007
面积：4700 m^2
备注：http://www.suntory.co.jp/sma/

36 21_21 DESIGN SIGHT
21_21 DESIGN SIGHT

建筑师：安藤忠雄
地址：港区赤坂 9-7-6
类型：文化建筑 / 美术馆
年代：2007
面积：1732 m^2
备注：http://www.2121designsight.jp/

37 TOTO 展览馆 · 间
TOTO ギャラリー · 間

地址：東京都港区南青山 1-24-3
类型：文化建筑 / 展览馆
年代：1985
面积：240 m^2
备注：http://www.toto.co.jp/gallerma/

路易威登六本木 Hills 店

该建筑面朝六本木中央广场，正面外墙是由直径10厘米、长30厘米的透明玻璃真空管成蜂窝状排布构成，形成了从正面看视线可以透过但侧面看则看不到内部的奇特视觉效果。

国立新美术馆

它是自国立国际美术馆以来日本的第五间国立美术馆。地点位于东京大学生产研究所的旧址。国立新美术馆的楼地板面积是全日本最大的，约是第二大的大冢国际美术馆的1.5倍。

东京中城

东京中城是一个位于日本东京都港区的多用途都市开发计划区，地处六本木的旧防卫厅原址，该项目是近年来日本的各都市再开发计划中规模最大的。

三得利美术馆 · 东京

地处东京Midtown内的美术馆，是取代赤坂旧馆而新建的建筑。功能上并非独立，而是整合了美术馆与商业设施。外墙覆盖纵向细长的遮阳板。

21_21 DESIGN SIGHT

建筑大部分被埋在地下，地上部分呈现倾斜的趋势，是一整块铁板做成的屋顶，如同三宅一生对衣服的设计概念。建筑中间的断口左边是饭店，右边是展览馆。

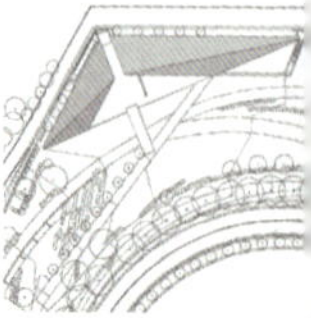

21_21 DESIGN SIGHT · 总平面

TOTO 展览馆 · 间

这是建筑设备生产商TOTO公司以弘扬建筑文化为目的创办的建筑展览馆。1985年建成以来展出了多位国内外建筑师和设计师的作品。馆内空间可以由参展者自行设计。

38 静岡新聞 · 静岡放送東京支社
39 東京銀座資生堂ビル
40 ヤマハ銀座ビル
41 ニコラス · G · ハイエック センター
42 ユニクロ 銀座店
43 TASAKI 銀座本店
44 LOUIS VUITTON GINZA
45 ディオール銀座
46 アルマーニ銀座タワー
47 メゾン · エルメス
48 MIKIMOTO Ginza 2
49 ティファニー銀座
50 新歌舞伎座
51 日本橋高島屋（日本生命館）
52 日本生命日比谷ビル（日生劇場）
53 東京国際フォーラム
54 東京駅
55 中銀カプセルタワービル
山手線 · 東京駅
銀座線 / 丸の内線 · 銀座駅
山手線 · 新橋駅
0 200m

38 静冈新闻・静冈放送东京支社
静岡新聞・静岡放送東京支社

建筑师：丹下健三
地址：中央区銀座 8-3-7
类型：办公建筑 / 办公楼
年代：1967
面积：$1493m^2$
备注：无

39 东京银座资生堂大楼
東京銀座資生堂ビル

建筑师：Ricardo Bofill Leví
地址：中央区銀座 8-8-3
类型：商业建筑 / 店铺
年代：2000
备注：无

40 雅马哈银座大楼
ヤマハ銀座ビル

建筑师：日建设计
地址：中央区銀座 7-9-14
类型：商业建筑 / 店铺
年代：2010
面积：$9079 m^2$
备注：无

41 Nicolas G. Hayek 中心
ニコラス・G・ハイエックセンター

建筑师：坂茂
地址：中央区銀座 7-9-18
类型：商业建筑 / 店铺
年代：2007
面积：$5697 m^2$
备注：无

42 优衣库银座店
ユニクロ銀座店

建筑师：Klein Dytham
地址：中央区銀座 6-9-5
类型：商业建筑 / 店铺
年代：2005
备注：无

43 TASAKI 银座总店
TASAKI 銀座本店

建筑师：乾久美子
地址：中央区銀座 5-7-5
类型：商业建筑 / 店铺
年代：2010
备注：无

Note Zon

静冈新闻・静冈放送东京支社

由中央核心筒搭载向两边伸出去的办公空间构成了整个建筑，形成非常特殊的形态。建筑设计秉承了新陈代谢派的理念，核心筒两侧可以进一步叠加建筑单元。

东京银座资生堂大楼

东京银座中央大道上的茶红色高层建筑，基础采用了可移动式的抗震技术，既可以消解地震波的横向破坏力，又可以在将来对建筑进行整体转移。

雅马哈银座大楼

这是取代雷蒙德1951年设计的旧雅马哈大厦而建造的多功能商业建筑。地上12层，地下3层的大楼分为四种功能，是全国最大的乐器专门店、最大的音乐教室、大音乐厅以及音乐门户网站的工作室。

Nicolas G. Hayek 中心

银座中央大道上建造的斯沃琪(Suatch)手表本社和展示场。14层高的建筑全部覆盖玻璃幕墙，低层部分可以完全开敞。一层的通高大中庭散布着电梯筒，可以到达地下一层至地上四层的各个店铺。

优衣库银座店

银座中央大道上的优衣库卖场，正面方形的不锈钢镜面上，夜晚可以用LED灯光反射出优衣库的LOGO，这座地上12层的建筑由来自六个国家的520位建筑工作者合作完成。

TASAKI 银座总店

这是原首饰店的立面改造项目，使用尺寸为2.1米×0.9米的各种材质的窗框覆盖墙面。窗框由于材质不同形成了不同的组合，而且特意安装出微妙的前后不平的效果。

Note Zone

洛易威登银座店

这是原路易威登店面的
外立面改造项目。使用
了印度产半透明雪花石
膏和米色玻璃纤维混凝
土（GRC）做成15毫米
厚的饰板，并随机排布
大大小小的方洞。

迪奥银座

这是一个旧建筑改造的
项目，内部包含了旧建
筑的书店。外墙是锌铝
合金板冲孔形成的双层
表皮，圆孔通过改变直
径在外观上形成图案。

阿玛尼银座店

地下两层，地上12层的
阿玛尼商店。包括乔
治·阿玛尼、安波利
奥·阿玛尼服装店以及
世界唯一的阿玛尼超
市。建筑外观覆盖玻璃
幕墙，一到三层用竹子
的元素装饰。

Maison Hermes

由伦佐·皮亚诺领衔的
豪华合作团队完成的建
筑。外墙使用了特殊的
428毫米玻璃砖构成幕
墙，白天将外部光线柔化
引入室内，夜晚透出的光
则模仿了伦敦的夜景。

MIKIMOTO Ginza 2

浅粉色外墙上不规则地
开着圆角的多边形窗
洞，形成了独立于周边
环境的立面，其做法是
双层钢板中间填充混凝
土。得益于墙体的构
造，建筑内部是无柱的
空间。

蒂芙尼银座

这是蒂芙尼旧银座本店
的改建项目。外墙使用
292块玻璃夹铝塑蜂窝板
制成的面板铺成，每块面
板都转动了少许角度，形
成了多变的外观。

44 路易威登银座店
LOUIS VUITTON GINZA

建筑师：青木淳
地址：中央区银座 6-9-5
类型：商业建筑 / 店铺
年代：2000
面积：1645 m²
备注：无

45 迪奥银座
ディオール銀座

建筑师：乾久美子
地址：中央区銀座 5-6-1
类型：商业建筑 / 店铺
年代：2004
备注：无

46 阿玛尼银座店
アルマーニ銀座タワー

建筑师：Massimiliano and Doriano Fuksas
地址：中央区銀座 5-5-4
类型：商业建筑 / 店铺
年代：2007
面积：8095 m²
备注：无

47 Maison Hermes
メゾン・エルメス

建筑师：伦佐·皮亚诺
地址：中央区銀座 5-4-1
类型：商业建筑 / 商业综合设施
年代：2001
面积：6071 m²
备注：无

48 MIKIMOTO Ginza 2
MIKIMOTO Ginza 2

建筑师：伊东丰雄
地址：中央区銀座 2-4-2
类型：商业建筑 / 店铺
年代：2005
面积：2205 m²
备注：无

49 蒂芙尼银座
ティファニー銀座

建筑师：隈研吾
地址：中央区銀座 2-7-17
类型：商业建筑 / 店铺
年代：2008
面积：5622 m²
备注：无

50 新歌舞伎剧场
新歌舞伎座

建筑师：隈研吾+三菱地所设计
地址：中央区銀座 4-12-15
类型：观演建筑 / 剧场
年代：2013
面积：5985 m²
备注：http://www.kabuki-za.co.jp/

51 日本桥高岛屋(日本生命馆)
日本橋高島屋(日本生命館)

建筑师：村野藤吾
地址：中央区日本橋 2-4-1
类型：商业建筑
年代：1933
备注：无

52 东京国际会议中心
東京国際フォーラム

建筑师：Rafael Viñoly
地址：千代田区丸の内 3-5-1
类型：办公建筑 / 综合设施
年代：1996
面积：144406 m²
备注：http://www.t-i-forum.co.jp/

53 东京车站
東京駅

建筑师：辰野金吾
地址：千代田区丸の内 1
类型：交通建筑 / 车站
年代：1914
面积：9545 m²
备注：无

54 日本生命日比谷大楼
日本生命日比谷ビル

建筑师：村野藤吾
地址：千代田区有楽町 1-12
类型：观演建筑 / 剧场、办公楼
年代：1963
面积：42878 m²
备注：无

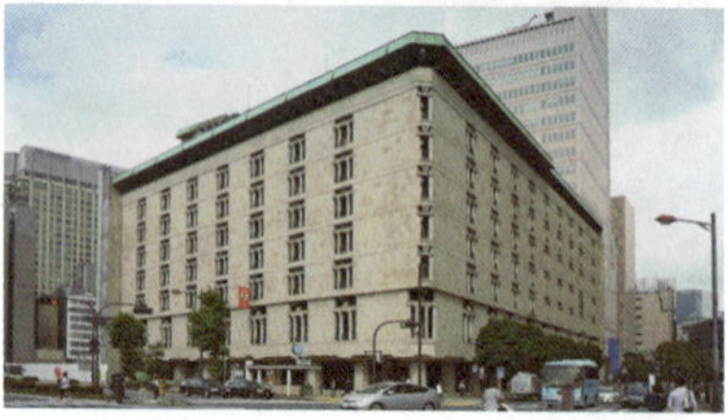

55 中银舱体大楼
中銀カプセルタワービル

建筑师：黑川纪章
地址：中央区銀座 8-16-10
类型：居住建筑 / 集合住宅
年代：1972
面积：3091 m²
备注：无

Note Zon

新歌舞伎剧场

新歌舞伎座楼高4层，可容纳1800名观众。剧院外观如中古时期的日式皇宫，内部除设有深16.4米的升降回转舞台以支援大型的舞台道具变化外，还备有可携带式屏幕作为导赏服务，同步显示剧中台词，帮助观众了解剧情。

日本桥高岛屋（日本生命馆）

靠近东京站的百货商店建筑，是1933年片冈安、高桥贞太郎、前田健二郎的竞赛当选方案。1952年由村野藤吾设计改建。成为使用玻璃砖等现代材料与古典主义形式相融合的建筑案例。

东京国际会议中心

东京国际论坛大楼是由株式会社东京国际论坛运营的公共综合文化设施，也是首都东京的国际会议场所之一。原为旧东京都厅舍所在地，在都厅搬迁至新宿副都心后开始改建。

东京车站

位于日本东京都千代田区，为东日本旅客铁道、东海旅客铁道、东京地下铁的铁路车站。不仅是日本多条铁道路线的起点站，也是东京主要的转运车站之一。近年来刚刚完成了建筑的最近一次翻修。

日本生命日比谷大楼

大楼内整合了日本生命保险的办公楼和日生剧场等功能，外墙覆盖花岗岩板，窗户和阳台设置了铁质栏杆，使外观显得厚重有力。一层大厅贴有雕纹瓷砖。

中银舱体大楼

又名中银胶囊大楼，是一幢造型特殊的住宅、办公建筑，由黑川纪章设计，位于日本东京都中央区新桥，于1970年开始兴建，直至1972年完成，是日本建筑界新陈代谢运动的代表作品。

ote Zone

崎纪念会馆

会议事堂附近的与政会议相关的资料馆，是当时众议院的名誉议尾崎行雄建立的纪念，1972年改称宪政纪念。是层高较低的单层建，围绕中央庭院的尾崎像布置了讲堂和展室空间。

和馆

九段会馆地下车库上造的展览馆，用来展示中、战后的历史资料。了排除外部环境对资的影响，壁面几乎没有窗，外墙使用了强耐久钛合金材料。

京国立近代美术馆

美术馆收藏了从20世初到现代的绘画、雕、照片等约9,000件美作品，在4楼到2楼的收品展厅中展出。同时，利用收藏品展厅的部空间，每次围绕一个专进行专辑展览。

56 尾崎纪念会馆
尾崎記念会館

建筑师：海老原一郎
地址：千代田区永田町 1-1-1
类型：文化建筑 / 博物馆
年代：1960
面积：6052 m^2
备注：无

57 昭和馆
昭和館

建筑师：菊竹清训
地址：千代田区九段南 1-6-1
类型：文化建筑 / 博物馆
年代：1999
面积：8437 m^2
备注：http://www.showakan.go.jp/

58 东京国立近代美术馆
東京国立近代美術館

建筑师：谷口吉郎
地址：千代田区北の丸公園 3-1
类型：文化建筑 / 美术馆
年代：1969
面积：14439 m^2
备注：http://www.momat.go.jp/

Note Zone

59 NOA 大楼
ノアビル

建筑师：白井晟一
地址：港区麻布台 2-3
类型：办公建筑 / 办公楼
年代：1974
面积：9889 m^2
备注：无

NOA 大楼

这是在东京塔附近的事务所建筑。红砖基座上承载着黑灰色的椭圆筒，两者构成了简单的外部形体，内部包含一个电梯核心筒，整栋建筑开口很少，形成了较封闭的外观。

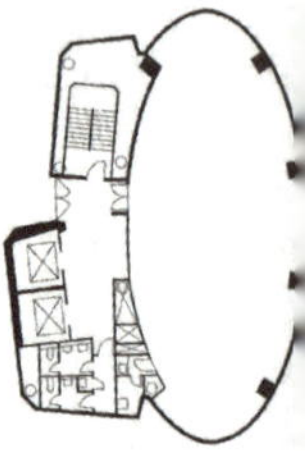

NOA 大楼・平面图

60 圣 Alban 教堂
聖アルバン教会

建筑师：安东尼・雷蒙德
地址：港区芝公園 3-6-25
类型：宗教建筑 / 教堂
年代：1956
备注：无

圣 Alban 教堂

东京塔附近的教堂，继承了巴洛克教堂的空间形式，由于使用了悬山屋顶等元素，使教堂看上去更像民宅。外墙下部是红砖，上部铺设木板，屋顶是铁板制作。内部空间十分简洁。

Note Zone

土浦龟城自宅

乍为赖特弟子的土浦龟
成的自宅，外观丝毫看
不出赖特的影响，却是
有着强烈的包豪斯风格
勺现代建筑。全白色的
箱型建筑，内部有通高
勺起居室空间，南面有
宽大的出入口，大出挑
勺遮阳板是建筑外观上
勺特征。

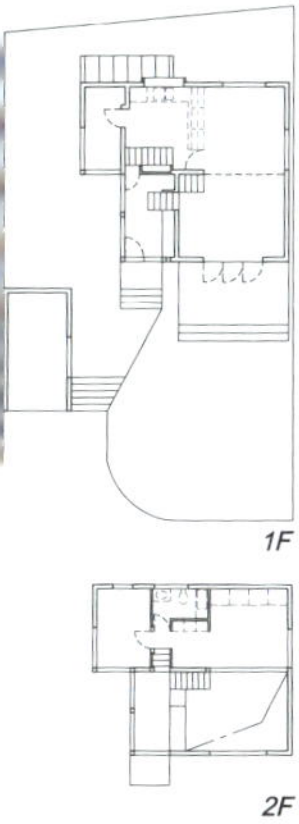

土浦龟城自宅 · 平面图

61 土浦龟城自宅
土浦亀城自邸

建筑师：土浦龟城
地址：品川区上大崎 2-6-10
类型：居住建筑 / 住宅
年代：1936
面积：60 m²
备注：无

天主教目黑教堂

巨离JR目黑站步行仅十
分钟路程的教堂建筑。
内部空间并不十分宽
敞，但有着混凝土材料
所营造的力量感。两侧
成角度的小窗创造出了
变化丰富的光影效果。

62 天主教目黑教堂
カトリック目黒教会

建筑师：安东尼·雷蒙德
地址：品川区上大崎 4-6-22
类型：宗教建筑 / 教堂
年代：1955
备注：http://www.catholicmeguro.org/

原美术馆

这是以现代美术为中心
设立的私人美术馆，原
本是实业家原邦造的住
宅，其养父原六郎是一
位美术收藏家。在展示
收藏品的同时，美术馆
也举办一系列演讲会等
活动。

63 原美术馆
原美術館

建筑师：渡边仁
地址：品川区北品川 4-7-25
类型：文化建筑 / 美术馆
年代：1938
面积：684 m²
备注：http://www.haramuseum.or.jp/

64 大和国际
ヤマトインターナショナル

建筑师：原广司
地址：大田区平和島 5-1-1
类型：办公建筑 / 办公楼
年代：1986
面积：12074 m^2
备注：无

65 森山邸
森山邸

建筑师：西泽立卫
地址：大田区西蒲田 3-21-5
类型：居住建筑 / 集合住宅
年代：2005
面积：263 m^2
备注：无

Note Zon

大和国际

这是雅马哈制造公司的本部。建筑面对和平之森公园，几乎通体银白色，立面非常复杂。设计的本源来自建筑师世界聚落调查时得到的经验。1990年获首届村野藤吾奖。

森山邸

这是自用住户外加5栋出租住宅的集合住宅，由10个大小不一的白色方盒子和它们相互之间形成的庭院组成，步道将它们联系在一起。建筑在保证各住宅私密性的同时也兼顾了空间的开放性。

森山邸·平面图

Note Zone

东云集合住宅 CODAN

这是由日本都市再生机构UR管理的集合住宅区，将街道引入到集合住宅空间中，可以说是新型居住区设计的范本。1~4号街区分别由山本理显、伊东丰雄、隈研吾和山田正司设计，6号街区由元仓真琴、山本圭介和堀启二设计。

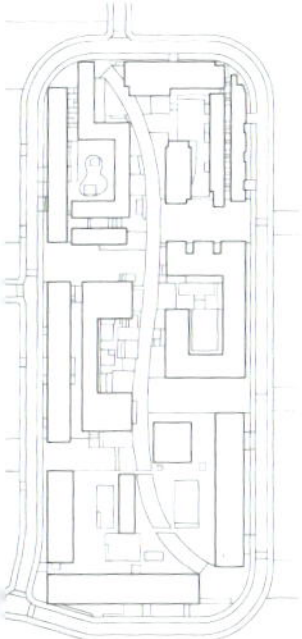

东云集合住宅 CODAN・总平面

66 东云集合住宅 CODAN
東雲キャナルコート

建筑师：山本理显（1 街区）、伊东丰雄（2 街区）、隈研吾（3 街区）、山田正司（4 街区）、元仓真琴 · 山本圭介 · 堀启二（6 街区）
地址：江東区東雲 1-9
类型：居住建筑 / 集合住宅
年代：2003
备注：无

67 葛西临海公园休息设施
葛西臨海公園レストハウス

建筑师：谷口吉生
地址：江戸川区葛西臨海町 6
类型：其他 / 休憩设施
年代：1995
面积：2181 m^2
备注：无

葛西临海公园休息设施

在葛西临海公园内建造的休憩设施，建筑整体是一个7米×75米×11米的连续玻璃长方体。外墙面的肋结构在内部的地面上投射出节奏感很强的光影。

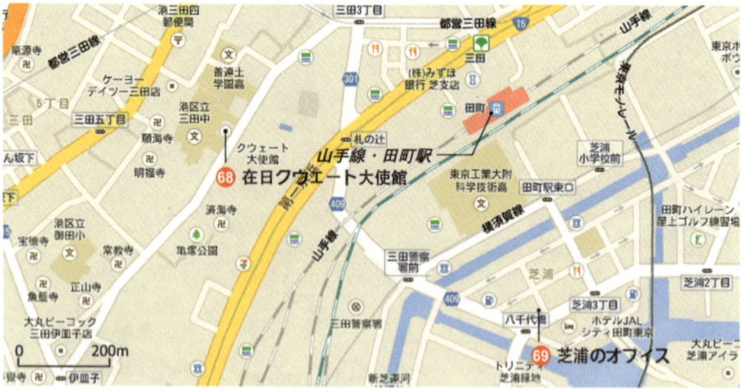

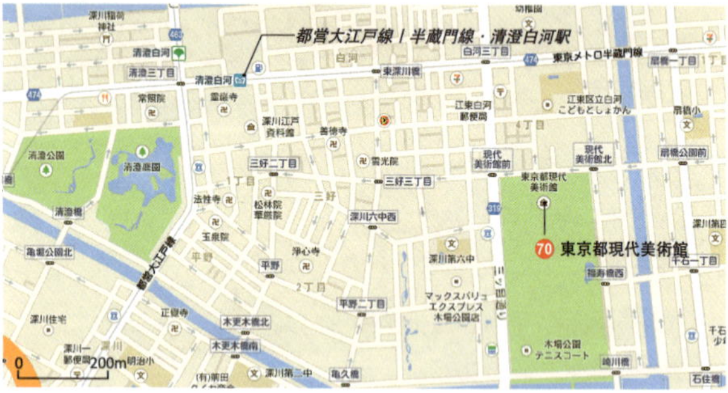

Note Zone

68 科威特驻日大使馆
在日クウェート大使館

建筑师：丹下健三
地址：港区三田 4-13-12
类型：办公建筑 / 大使馆
年代：1970
面积：4137 m²
备注：无

69 芝浦的办公楼
芝浦のオフィス

建筑师：妹岛和世
地址：港区芝浦 3-15-4
类型：办公建筑 / 办公、商业设施
年代：2011
面积：950 m²
备注：无

70 东京都现代美术馆
東京都現代美術館

建筑师：柳泽孝彦
地址：江東区三好 4-1-1（木場公園内）
类型：文化建筑 / 美术馆
年代：1994
面积：33515 m²
备注：http://www.mot-art-museum.jp/

科威特驻日大使馆

该建筑是丹下健三设计的众多外国驻日大使馆建筑之一，在狭小的用地上将大使馆和公邸功能纵向分离，由两个核心轴支撑起整个建筑，上部被顶起的部分是大使公邸。

芝浦的办公楼

这是一座广告公司的办公楼。功能上除了办公之外，一层是开放的空间，其中工作室等是向本地区居民开放的。建筑本身也大量使用玻璃幕墙，呈现开放的性格。

东京都现代美术馆

东京都立木场公园北边建造的美术馆，主要收藏现代美术，可以欣赏到日本战后美术的全貌。建筑以33515平方米的面积成为日本第一大美术馆。

Note Zone

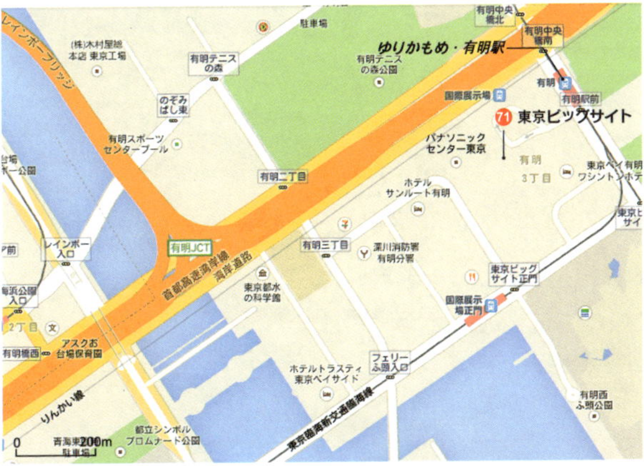

71 东京国际展示场
東京国際展示場

建筑师：佐藤综合设计
地址：江東区有明 3-21-1
类型：文化建筑 / 展示场
年代：1995
面积：230873 m²
备注：http://www.bigsight.jp/

东京国际展示场

位于日本东京江东区有明，是由株式会社东京Big Sight营运的展览及会议中心，为日本面积最大的展览场地，通称为东京Big Sight。1996年由中央区晴海迁移至此，成为现在的东京国际展示场。

72 富士电视台总部大楼
フジテレビ本社ビル

建筑师：丹下健三
地址：港区台場 2-4-8
类型：办公建筑 / 办公楼
年代：1996
面积：141825 m²
备注：http://www.fujitv.co.jp/gotofujitv/index.html

富士电视台总部大楼

建在台场附近的富士电视台总部。在建筑的中央位置有按照富士电视台标志建造的球形展望台，对公众开放。建筑内有一个宽12米、长100米的巨大楼梯。

Note Zone

73 **浅草文化观光中心**
浅草文化観光センター

建筑师：隈研吾
地址：台東区雷門 2-18-9
类型：文化建筑 / 观光施設
年代：2012
面积：1880 m²
备注：无

74 **浅草寺**
浅草寺

地址：台東区浅草 2-3-1
类型：宗教建筑 / 神社
年代：628
备注：http://www.senso-ji.jp/

75 **善照寺本堂**
善照寺本堂

建筑师：白井晟一
地址：台東区西浅草 1-4
类型：宗教建筑
年代：1958
面积：231 m²
备注：无

浅草文化观光中心

浅草寺雷门前建造的文化观光中心，是包含观光指导、展示空间和会议室等功能的复合建筑。由7个房子的形体叠加起来，全体外立面覆盖有木格栅。

浅草寺

又名金龙山浅草寺，位于日本东京都台东区浅草二丁目，是东京都内历史最悠久的寺院。山号为“金龙山”，供奉的本尊是圣观音。原属天台宗，于第二次世界大战后独立，成为圣观音宗的总本山。在日本，观音菩萨本尊通称为“浅草观音”。

善照寺本堂

这是一座本愿寺派的寺院本堂。拥有出挑的大坡屋顶，围绕建筑的环廊步道是架离地面的。内部忠实地反映了坡屋顶的构造，并混合使用了日本的榻榻米和西式长椅。

Note Zone

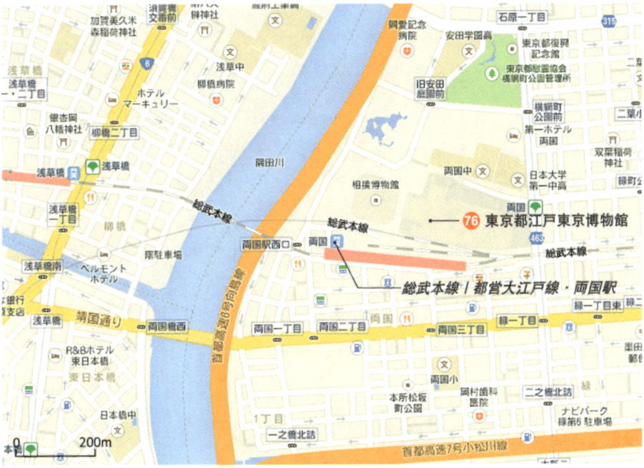

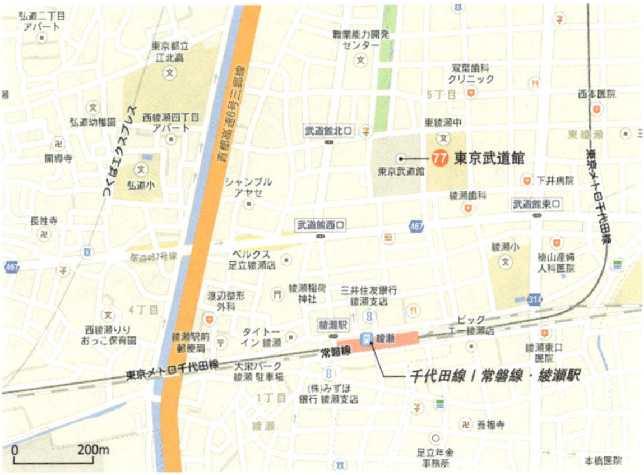

东京都江户东京博物馆

博物馆的宗旨为收集、保存及展示遗失的江户、东京历史及文化相关资料，为地上7层、地下1层的钢结构。该建筑也是新陈代谢思想的一个代表作，四个巨型交通核承重，让内部实现了无柱大空间。

76 东京都江户东京博物馆
東京都江戸東京博物館

建筑师：菊竹清训
地址：墨田区横網 1-4-1
类型：文化建筑 / 博物馆
年代：1992
面积：48001 m^2
备注：http://www.edo-tokyo-museum.or.jp/

东京武道馆

为继承和发扬日本传统武道文化而建造的武道馆。以“武道是艺术”的思想，建筑外观以菱形元素堆积，象征日本自然的云、海、山、人。馆内各武道场的细节也充满了艺术性。

77 东京武道馆
東京武道館

建筑师：六角鬼丈
地址：足立区綾瀬 3-20-1
类型：体育建筑 / 体育馆
年代：1990
面积：17604 m^2
备注：http://www.tef.or.jp/tb/

78 東京大学情報学環・福武ホール
79 東京大学本部庁舎・理学部校舎
80 東京大学法学部４号館
81 東京大学御殿下記念館
82 東京大学弥生講堂一条ホール・附属資料館
83 東京芸術大学奏楽堂
84 東京芸術大学美術館
85 国立国会図書館国際子ども図書館
86 東京国立博物館法隆寺宝物館
87 東京都美術館
88 国立西洋美術館
89 東京文化会館
山手線・上野駅
南北線・東大前駅

东京大学情报学环福武大厅

东京大学赤门内左边的建筑，南北向纵长，外侧是称为“思考的墙壁”的100米长钢筋混凝土墙，墙后是延伸至地下的开放的大楼梯。

东京大学本部厅舍

由正方形平面的高层本部楼和长方形平面的中层理学部楼组成，四角的柱状塔由它们之间桥状的构造相连，红砖色的四角塔和黑色的联系结构形成了厚重的外观，但三个换气口却使用了鲜亮的绿色。

东京大学法学部 4 号馆

东京大学本乡校区综合图书馆前建造的研究建筑。建筑面朝文学部的3号馆，是一座新哥特主义样式的高层建筑。一层架空，对面设有一座下沉式广场。

东京大学御殿下纪念馆

御殿下纪念馆是由东京大学的毕业生捐款，作为纪念昭和52年东京大学创立百年建设的体育设施。为避免对周边环境的影响，建筑大多被埋在地下。北侧和东侧的砖墙面是旧建筑保存再利用留下的。

东京大学弥生讲堂一条大厅

建筑主体是一个单坡屋顶的玻璃盒子，内部使用很多木柱支撑，一层是椭圆形的大厅、门厅和事务所；二层有一间小画廊。外墙使用玻璃幕墙，可以映出周围葱郁的树木。

东京艺术大学奏乐堂

上野公园东京艺术大学的音乐厅。外墙是红砖营造出的温暖的表情，向下一层是入口前广场，广场中种植着树木。大厅上面是可动式屋顶，可以控制角度以降低噪音。

78 东京大学情报学环福武大厅
東京大学情報学環福武ホール

建筑师：安藤忠雄
地址：文京区本郷 7-3-1
类型：科教建筑 / 学校
年代：2008
面积：4047 m²
备注：无

79 东京大学本部厅舍
東京大学本部庁舎

建筑师：丹下健三
地址：文京区本郷 7-3-1
类型：科教建筑 / 学校
年代：1979
备注：无

80 东京大学法学部 4 号馆
東京大学法学部 4 号館

建筑师：大谷幸夫
地址：文京区本郷 7-3-1
类型：科教建筑 / 学校
年代：1987
面积：4289 m²
备注：无

81 东京大学御殿下纪念馆
東京大学御殿下記念館

建筑师：芦原义信
地址：文京区本郷 7-3-1
类型：科教建筑 / 体育
年代：1989
备注：无

82 东京大学弥生讲堂一条大厅
東京大学弥生講堂一条ホール

建筑师：香山寿夫
地址：文京区弥生 1-1-1 東京大学農学部内
类型：科教建筑
年代：2000
面积：998 m²
备注：无

83 东京艺术大学奏乐堂
東京芸術大学奏楽堂

建筑师：冈田新一
地址：台東区上野公園 12-8
类型：科教建筑 / 音乐厅
年代：1998
面积：6540 m²
备注：无

Note Zon

84 东京艺术大学美术馆
東京芸術大学美術館

建筑师：六角鬼丈
地址：台東区上野公園 12-8
类型：文化建筑 / 美术馆
年代：1999
面积：8720 m^2
备注：http://www.geidai.ac.jp/museum/

东京艺术大学美术馆

坐落在上野公园艺术区里的美术馆。收藏有从东京艺术大学的前身东京美术学校时期到现在的收藏品和历代毕业生的作品。美术馆的咖啡厅兼用作学生食堂。

85 国际儿童图书馆
国際子ども図書館

建筑师：安藤忠雄
地址：台東区上野公園 12-49
类型：科教建筑 / 图书馆
年代：2002 年 1 月（改修）
面积：6672 m^2
备注：http://www.kodomo.go.jp/

国际儿童图书馆

这是上野旧帝国图书馆保存再利用计划项目，新功能是儿童图书馆。新建筑将旧馆的外墙变成了室内空间的组成部分，可以近距离触摸时代留下的印迹。

86 东京国立博物馆法隆寺宝物馆
東京国立博物館法隆寺宝物館

建筑师：谷口吉生
地址：台東区上野公園 13-9
类型：文化建筑 / 美术馆
年代：1999
面积：4030 m^2
备注：http://www.tnm.jp/

东京国立博物馆法隆寺宝物馆

坐落在东京国立博物馆建筑群当中，被一大片绿树环抱。建筑前面是一块水池，需通过水池上的石板桥进入内部。宝物馆内收藏有日本江户时代的艺术品。

87 东京都美术馆
東京都美術館

建筑师：前川国男
地址：台東区上野公園 8-36
类型：文化建筑 / 美术馆
年代：1975
面积：31000 m^2
备注：http://www.tobikan.jp/index.html

东京都美术馆

由日本现代建筑大师前川国男设计的东京都美术馆新馆，非常重视公共空间的营造，如广场、中厅、餐厅等，试图通过建筑空间来表达对城市空间的意识。

88 国立西洋美术馆
国立西洋美術館

建筑师：勒・柯布西耶（旧馆）、前川国男（新馆）
地址：台東区上野公園 7-7
类型：文化建筑 / 美术馆
年代：(旧) 1959 年・(新) 1979
面积：17369 m^2
备注：http://www.nmwa.go.jp/jp/index.htmlhtm

国立西洋美术馆

二十世纪建筑大师勒・柯布西耶在日本的作品，位于东京都上野公园内，专门收藏西洋美术作品，包含印象派等19世纪与20世纪前半的画作及雕刻。

89 东京文化会馆
東京文化会館

建筑师：前川国男
地址：台東区上野公園 5-45
类型：文化建筑 / 剧场
年代：1961
面积：21234 m^2
备注：http://www.t-bunka.jp/

东京文化会馆

这是为纪念东京都建都500周年建设的会馆。馆内除有供歌剧、芭蕾舞、交响乐等使用的2303座席大厅和649座席的小厅之外，还设有彩排室、会议室及音乐资料馆等空间。

ote Zone

大江户线饭田桥车站

东京都营地下铁饭田桥站的站口，外观是作为公共艺术的铁架玻璃树干，进入之后在楼梯上面延伸的是绿色网状结构，是结合了照明功能的空间艺术品。

东京天主教圣玛利亚大教堂

也称为关口教会，是一座位于日本东京都文京区关口的天主教教堂，也是天主教东京总教区的主教堂。始建于1899年，为哥特式建筑，在第二次世界大战期间被烧毁。在德国科隆的协助下，于1955年重建。建筑师丹下健三的骨灰也埋于此。

Sky House

这是菊竹清训的自宅，被评为战后日本住宅作品的代表作。边长10米的正方形空间由四根钢筋混凝土壁柱架离地面。房间周围连接有可以更替的厨房、浴室和储藏室等。

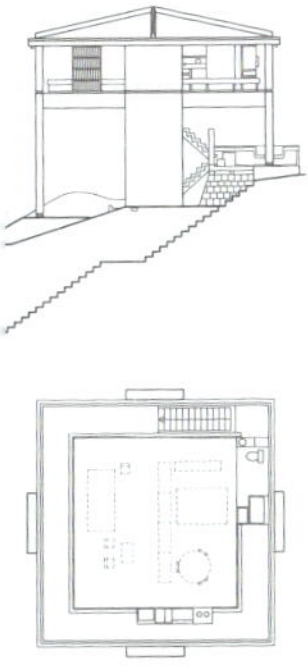

Sky House · 平面图、立面图

90 大江户线饭田桥车站
大江戸線飯田橋駅

建筑师：渡边诚
地址：文京区後楽 9-5
类型：交通建筑 / 车站
年代：2000
备注：无

91 东京天主教圣玛利亚大教堂
東京カテドラル聖マリア大聖堂

建筑师：丹下健三
地址：文京区関口 3-16-5
类型：宗教建筑
年代：1964
面积：3650 m^2
备注：http://www.tokyo.catholic.jp/text/cathedral/kounai.htm

92 Sky House
スカイハウス

建筑师：菊竹清训
地址：文京区大塚 1-10-1
类型：居住建筑 / 住宅
年代：1958
面积：98m^2（扩建后 202m^2）
备注：无

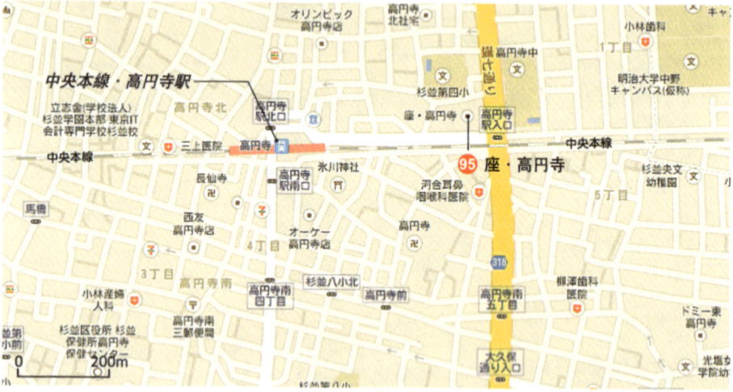

Note Zon

93 自由学园明日馆
自由学園明日館

建筑师：弗兰克・劳埃德・赖特
地址：豊島区西池袋 2-31-3
类型：文化建筑 / 会馆
年代：1927
面积：1517 m^2
备注：http://www.jiyu.jp/

94 东京艺术剧场
東京芸術劇場

建筑师：芦原义信
地址：豊島区西池袋 1－8－1
类型：观演建筑 / 剧场
年代：1990
面积：49739 m^2
备注：http://www.geigeki.jp/

95 剧场・高圆寺
座・高円寺

建筑师：伊东丰雄
地址：杉並区高円寺北 2-1-2
类型：观演建筑 / 剧场
年代：2008
面积：4980 m^2
备注：http://za-koenji.jp/

自由学园明日馆

建筑为连续一体的构造，是日本现有的2×4构法（框架组墙式构法）的先驱。结构为木造，以中央栋为中心左右对称，是赖特黄金时代的草原式风格作品。

东京艺术剧场

位于东京都丰岛区西池袋的综合艺术文化设施，由东京都历史文化财团管理和运营。剧场前的公园是池袋西口公园，是偶像剧《池袋西口公园》的拍摄场地。建筑最大的特点是玻璃箱体下的入口大厅。

剧场・高圆寺

在地铁高圆寺站东侧，外观特征是黑色外壁上开着若干圆形的小窗洞。建筑大多在地下，地上部分是主厅和事务所、咖啡馆。底下有另外一个大厅和阿波舞舞厅。

ote Zone

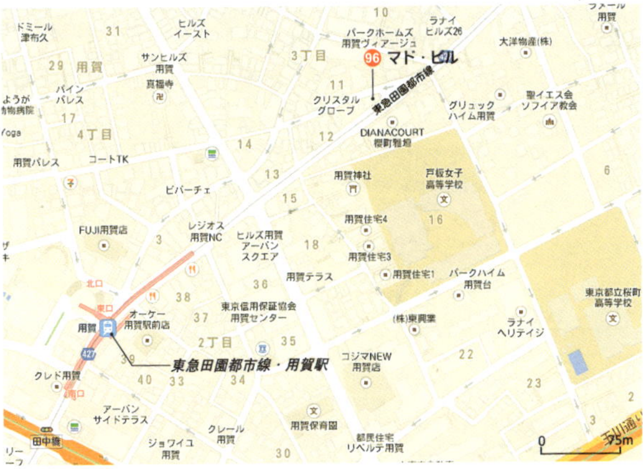

96 Mado 大楼
マド・ビル

建筑师：犬吠工作室
地址：世田谷区用賀 3-12-19
类型：办公建筑 / 办公楼
年代：2006
面积：162 m²
备注：无

97 世田谷美术馆
世田谷美術館

建筑师：内井昭藏
地址：世田谷区砧公園 1-2
类型：文化建筑 / 美术馆
年代：1985
备注：http://www.setagayaartmuseum.or.jp/

Mado 大楼

是世田谷住宅区内建造的商业建筑。为适应地形呈现出三角形的平面，再加上采光规范的限制，形成了建筑多面体的外形。建筑外墙上开有大玻璃窗，更加凸显了形体的不规则感。

世田谷美术馆

坐落在砧公园内的公园美术馆。为不影响周边景观，建筑层高较低，各建筑体块用回廊联系起来。建筑外墙使用石材和瓷砖覆盖，屋顶是铜板做成的圆拱形式。

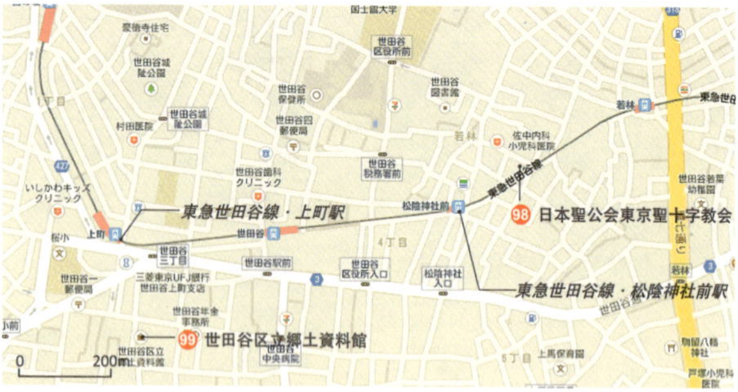

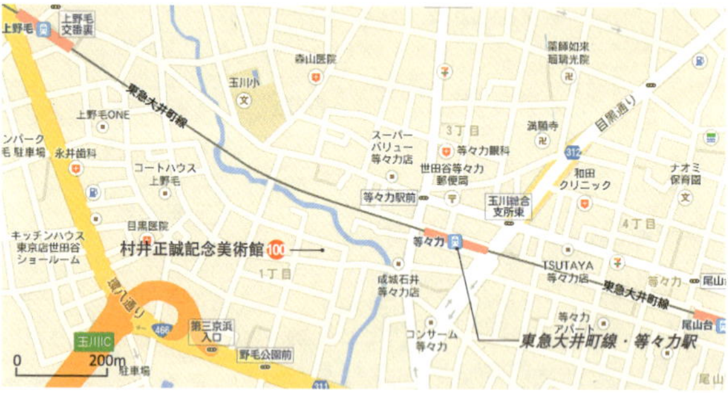

Note Zon

98 东京圣十字教堂
東京聖十字教会

建筑师：安东尼・雷蒙德
地址：世田谷区若林 4-18-8
类型：宗教建筑 / 教堂
年代：1961
备注：http://www.nskk.org/tokyo/church/seijuji/seijuji.htm

99 世田谷区立乡土资料馆
世田谷区立郷土資料館

建筑师：前川国男
地址:世田谷区世田谷 1-29-18
类型：文化建筑 / 博物馆
年代：1964
备注：无

100 村井正诚纪念美术馆
村井正誠記念美術館

建筑师：隈研吾
地址：世田谷区中町 1-6-12
类型：文化建筑 / 美术馆
年代：2004
面积：268 m^2
备注：http://www.muraimasanari.com/

东京圣十字教堂

坐落在世田谷住宅区内的日本圣公会教堂。这种形态在安东尼・雷蒙德设计的教堂建筑中很少见，正门上有方形彩窗，半圆形屋顶上有狭窄的天窗为内部空间采光。

世田谷区立乡土资料馆

这是在重要文化遗产世田谷代官房屋的用地内建造的历史民俗资料展示馆。建筑整体呈白色，1964年预制混凝土造的旧馆和1987年砖造的新馆将入口夹在中间。

村井正诚纪念美术馆

该建筑是已故艺术家村井正诚的住宅改建项目，新功能是个人美术馆。新建筑保留了村井的工作室，并且使用了旧住宅的废材料建造了地板和墙壁。

ote Zone

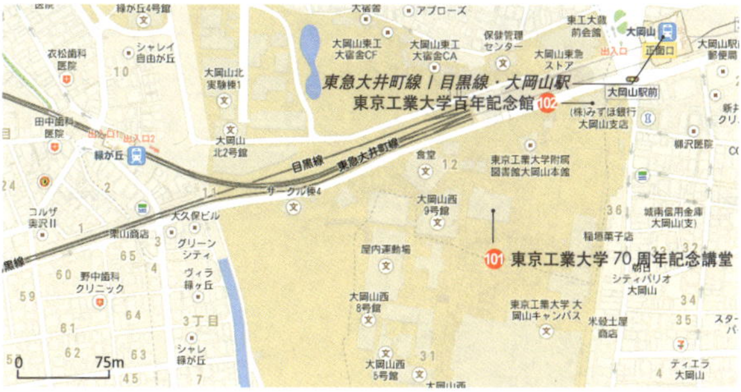

:京工业大学 70 周年纪
:讲堂

:京工业大学大冈山校
:内的讲堂，坐落在校
:规划的中轴线上。墙
i覆盖着纤细的纵格
-，下面被一部分倾斜
]草地埋起来。

:京工业大学百年纪念馆

:于东京工业大学的正
|附近，是集会议室和
:室一体的纪念馆建
:。不规整平面的箱体
:架着半圆形截面的气
:状空间，外表形态忠
:地反映了内部空间。

:京大学驹场校区教学栋

:京大学驹场校区是东
:前身之一旧制第一
:等学校（简称“一
:”）的所在地，该地
:有从东京大空袭中幸
:的多座老建筑。原广
:设计的东京大学生产
:术研究所也位于该校
:内。

101 东京工业大学 70 周年纪念讲堂
東京工業大学 70 周年記念講堂

建筑师：谷口吉郎
地址：目黑区大岡山 2-12
类型：学校建筑
年代：1958
备注：无

102 东京工业大学百年纪念馆
東京工業大学百年記念館

建筑师：筱原一男
地址：目黑区大岡山 2-12-1
类型：科教建筑 / 纪念馆
年代：1987
面积：2687 m^2
备注：无

103 东京大学驹场校区教学栋
東京大学駒場キャンパス

建筑师：原广司
地址：目黑区駒場 4-6-1
类型：科教建筑 / 学校
年代：2001
面积：97433 m^2
备注：无

Note Zone

104 旧猪股住宅
旧猪股邸

建筑师：吉田五十八
地址：世田谷区成城 5-12-19
类型：居住建筑 / 住宅
年代：1967
面积：371 m²
备注：http://www.setagayatm.or.jp/trust/map/pcp/

105 成城集合住宅
成城タウンハウス

建筑师：妹岛和世
地址：世田谷区成城 5-25-19
类型：居住建筑 / 集合住宅
年代：2007
面积：1647 m²
备注：无

旧猪股住宅

旧猪股住宅是作为原
务行政研究所的理事
猪股猛夫妇的宅邸而
建设的。主屋是获得
化勋章的吉田五十八
计的，采用了具有武
家宅邸风格的“数
屋”造法。此外，屋
的空地设计成了回游
风格的日本庭园。

成城集合住宅

该集合住宅建造在成
的高级住宅区内，14
集合住宅的由20个正
体组成。每一层只有
个房间，正方体单元
间的空间种植了植物
形成了每户的半私密
间。

lote Zone

okyo Apartment

亥建筑是在板桥区住宅地的角落建造的4户集合主宅。一层有一个像店面一样的入口，6个小房子形状的体块看似随意地被罗列起来，其间以楼梯连接，内部则以梯子联通各房间。

前川国男自宅

人原品川区的基地迁至江户东京建筑公园内的前川国男自宅，是一座悬山屋顶的木构建筑。最大的特点是中间两层通高的起居室空间，原为前川国男的事务所，后用做住宅。

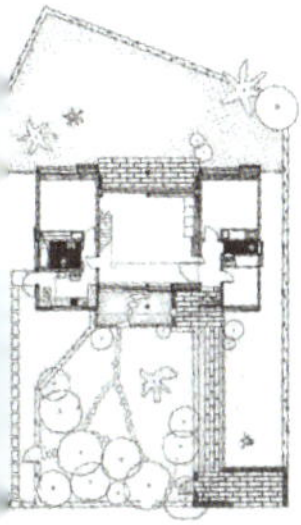

前川国男自宅 · 平面图

106 Tokyo Apartment

建筑师：藤本壮介
地址：板桥区小茂根 2-14-15
类型：居住建筑 / 集合住宅
年代：2010
面积：142 m²
备注：无

107 前川国男自宅
前川國男自邸

建筑师：前川国男
地址：小金井市桜町 3-7-1（都立小金井公園内）
类型：居住建筑
年代：1942
面积：100 m²
备注：http://www.tatemonoen.jp/index.html

Note Zone

108 三鷹天命反转住宅
三鷹天命反転住宅

建筑师：荒川修作
地址：三鷹市大沢 2-2-8
类型：居住建筑 / 集合住宅
年代：2005
面积：761 m²
备注：http://www.rdloftsmitaka.com/

三鹰天命反转住宅

这是在三鹰市的住宅区干道沿线建造的商品住宅。是荒川修作自己购买的建筑用地并进行设计的。该建筑共有三栋三层共九户，由外部通道连接起来。整体是由涂原色油漆的简单几何体组合而成。

109 日本路德神学大学
日本ルーテル神学大学

建筑师：村野藤吾
地址：三鷹市大沢 3-10-20
类型：科教建筑 / 学校
年代：1969
备注：http://www.luther.ac.jp/index.html

日本路德神学大学

以神学教育为中心的私立大学建筑，其表面全部喷涂水泥砂浆以实现统一感。富有层次感的竖墙使建筑表面呈现丰富的光影效果。

110 武藏野综合文化设施
武蔵野プレイス

建筑师：kw+hg architects
地址：武蔵野市境南町 2-3-18
类型：文化建筑 / 图书馆、文化设施
年代：2011
面积：9812 m²
备注：http://www.musashino.or.jp/place.html

武藏野综合文化设施

这是为方便亲子活动而建造的复合文化建筑，呈现柔美圆润的外观。内部包含了图书馆、生活学习支持、市民活动支持和青少年活动支援四大功能，并以图书馆功能为轴形成馆内空间的回游通路。

lote Zone

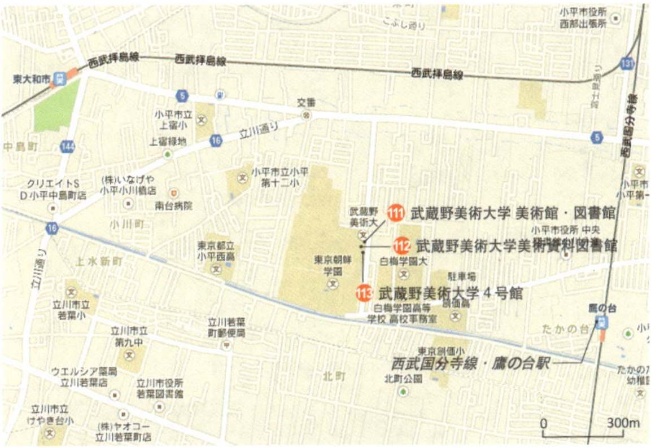

111 武藏野美术大学图书馆
武蔵野美術大学図書館

建筑师：藤本壮介
地址：小平市小川町 1-736
类型：科教建筑 / 图书馆、美术馆
年代：2010
面积：2883 m²
备注：http://mauml.musabi.ac.jp/

112 武藏野美术大学美术资料图书馆
武蔵野美術大学美術資料図書館

建筑师：芦原义信
地址：小平市小川町 1-736
类型：科教建筑 / 学校
年代：1967
面积：3459 m²
备注：无

113 武藏野美术大学 4 号馆
武蔵野美術大学 4 号館

建筑师：芦原义信
地址：小平市小川町 1-736
类型：科教建筑 / 学校
年代：1964
面积：3942 m²
备注：无

式藏野美术大学图书馆

亥建筑是武藏野美术大学美术馆和图书馆的扩建项目。外表面覆盖反光玻璃幕墙，视线既可以透过又可以让建筑与周围环境融为一体。内部的大书架从地面至屋顶形成墙壁，空间呈涡卷状展开。

式藏野美术大学美术资料图书馆

它是包含图书馆和美术馆功能的多功能建筑。主要以收藏和保存美术作品、设计制品、工艺品为主要功能，并制作数据库形成资料，供学校教学和研究使用。

式藏野美术大学 4 号馆

这是武藏野大学教授芦原义信设计的，是大鹰台校区最早的钢筋混凝土建筑。二层有9.6米见方的工作室教室，光线十分明亮，开放的大厅中有螺旋楼梯。

114 多摩美术大学图书馆
多摩美術大学図書館

建筑师：伊东丰雄
地址：八王子市鑓水 2-1723
类型：科教建筑 / 图书馆、学校设施
年代：2007
面积：5639 m²
备注：http://library.tamabi.ac.jp/

115 八王子研讨会设施
八王子セミナーハウス

建筑师：吉阪隆正
地址：東京都八王子市下柚木 1987-1
类型：科教建筑 / 综合设施
年代：1965
面积：1371 m²
备注：http://www.seminarhouse.or.jp/index.html

Note Zon

多摩美术大学图书馆

该建筑特点是外立面的连续拱形窗，玻璃与圆拱毫无缝隙的接合，展示了高超的技术。内部也是钢板混凝土的连续拱结构。基地本身是倾斜的，但建筑内部并没有填平，而是忠实的反映了地形。

八王子研讨会设施

建筑坐落在东洋大学八王子校区静谧的自然环境中，呈倒三角锥形砌入地下。该建筑是为师生提供讨论、研修、指导、合宿等形式的活动场所。

Note Zone

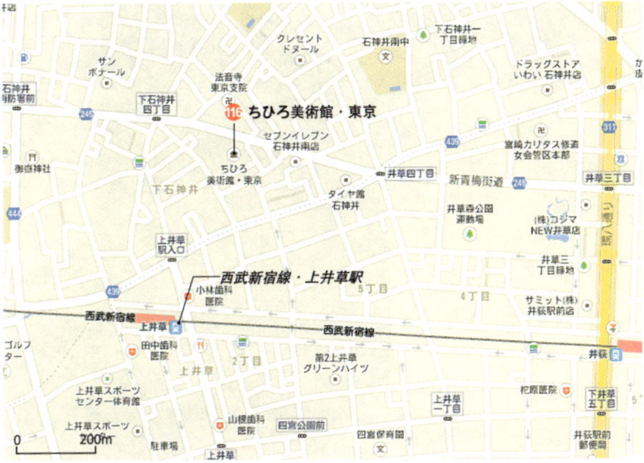

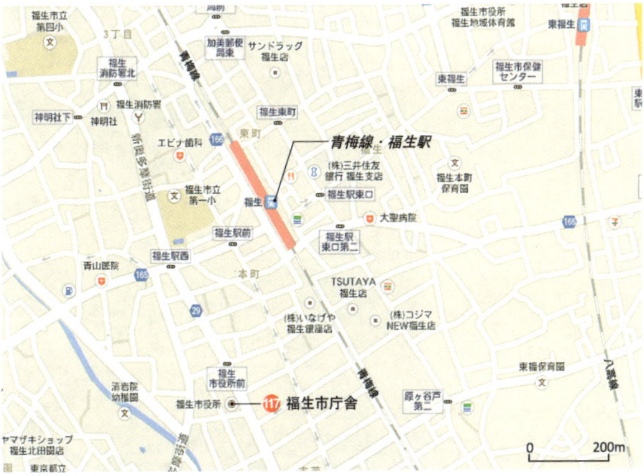

千寻美术馆

这是1977年旧岩崎CHIHIRO美术馆的改建项目。原馆实际上是CHIHIRO的自宅。改建后的美术馆是旧馆面积的两倍，采用无障碍设计。外观呈红色，内部则大量使用木材营造出舒适的空间感。

福生市厅舍

它是东京都福生市的新市政厅建筑。是经过旧市政厅的改建竞赛后，选出的由山本理显设计的优胜方案。建筑实现了第二重地面，人们可以从城市空间走到屋顶，另外室内遮光板的设计也是该建筑的一大特点。

116 千寻美术馆
ちひろ美術館

建筑师：内藤广
地址：練馬区下石神井 4-7-2
类型：文化建筑 / 美术馆
年代：2002
面积：1298 m²
备注：http://www.seminarhouse.or.jp/index.html

117 福生市厅舍
福生市庁舎

建筑师：山本理显
地址：東京都福生市本町 5
类型：办公建筑 / 市政厅
年代：2008
面积：10228 m²
备注：无

静冈放送东京支社・丹下健三

迪奥表参道店・SANNA

东京天主教圣玛利亚大教堂・丹下健三

04

埼玉县 Saitama-ken

09・埼玉县

建筑数量 -02

01 埼玉县农林会馆 / 清家清
02 Yaoko 川越美术馆 / 伊东丰雄

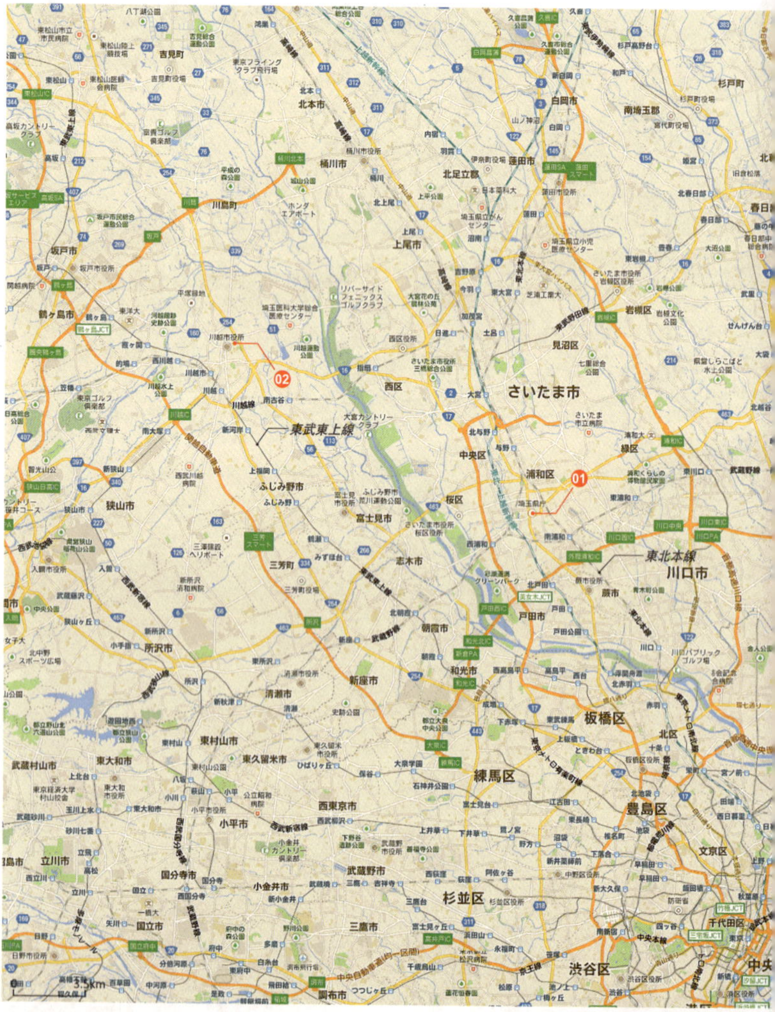

ote Zone

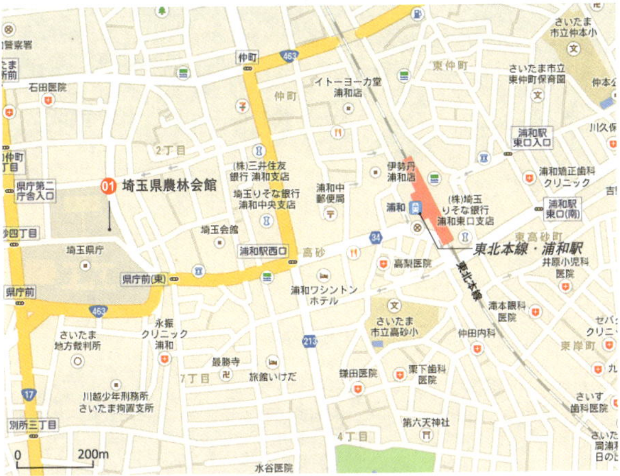

埼玉县农林会馆

邻接埼玉县厅，预制混凝土造的建筑中有像塔一样的核心筒，它可以在设备老化需要进行更新时被拆下来，体现了新陈代谢的思想。由于设备更新和增建，原来核心筒周围的水池消失了。

Yaoko 川越美术馆

作为超市企业YAOKO创业120周年建设的美术馆。它是位于住宅区内的钢筋混凝土单层建筑。整体平面呈“田”字形，采光天井和屋顶落水口呈平滑的曲线连接起来，在内部空间中形成了光线自然的明暗对比。

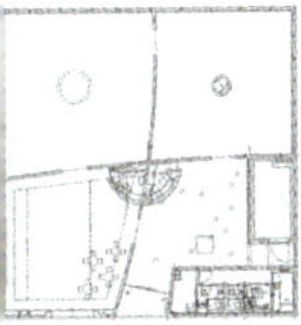

Yaoko 川越美术馆 · 平面图

01 埼玉县农林会馆
埼玉県農林会館

建筑师：清家清
地址：埼玉県埼玉市浦和区高砂 3-12-9
类型：办公建筑 / 会馆
年代：1962
备注：无

02 Yaoko 川越美术馆
ヤオコー川越美術館

建筑师：伊东丰雄
地址：埼玉県川越市氷川町 109-1
类型：文化建筑 / 美术馆
年代：2011
面积：464 m^2
备注：http://www.yaoko-net.com/museum/

10 群马县 Gunma-ken

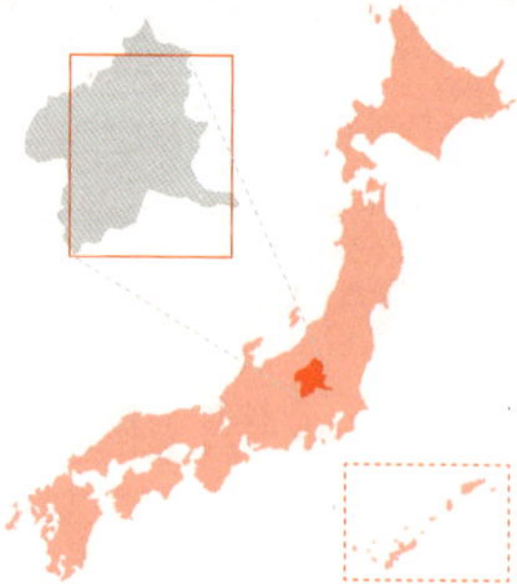

10・群马县

建筑数量 -06

01 草津音乐的森音乐大厅 / 吉村顺三
02 富冈市立美术博物馆 / 柳泽孝彦
03 群马音乐中心 / 安东尼・雷蒙德
04 馆林市市民中心 / 菊竹清训
05 鬼石多功能大厅 / 妹岛和世
06 富弘美术馆 / aat + makoto yokomizo 建筑设计事务所

ote Zone

草津音乐的森音乐大厅

这是坐落在草津温泉町最高点的音乐厅。山的绿色与大屋顶自然地融合，该建筑的设计类似于吉村顺三十几年前设计的八岳音乐堂。

富冈市立美术博物馆

这是位于富冈市有名的红叶平综合公园内的美术馆，分为介绍富冈乡土文化的部分和富冈市出身的福泽一郎作品的部分。半圆形屋顶的里面是简洁利落的展示空间。

01 草津音乐的森音乐大厅
草津音楽の森コンサートホール

建筑师：吉村顺三
地址：群馬県吾妻郡草津町大字草津字白根国有林　音楽の森内
类型：观演建筑 / 音乐厅
年代：1991
面积：2441 m^2
备注：无

02 富冈市立美术博物馆
富岡市立美術博物館

建筑师：柳泽孝彦
地址：群馬県富岡市黒川351-1
类型：文化建筑 / 美术馆
年代：1995
面积：4125 m^2
备注：http://www.city.tomioka.lg.jp/facility/005/

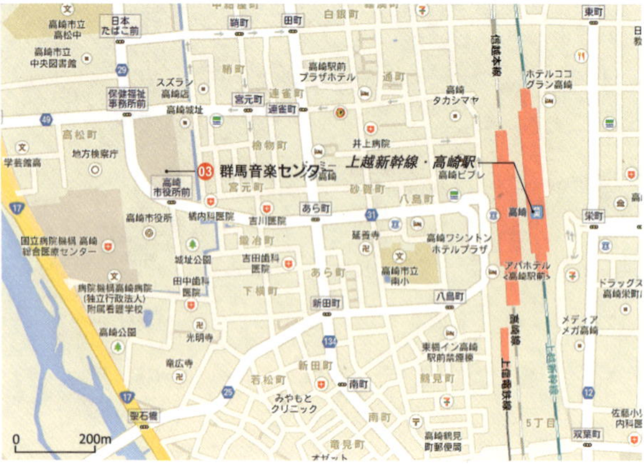

Note Zone

03 群马音乐中心
群馬音楽センター

建筑师：安东尼・雷蒙德
地址：群馬県高崎市高松町28-2
类型：观演建筑 / 音乐厅
年代：1961
面积：5935 m²
备注：http://www.takasaki-bs.jp/center/

04 馆林市市民中心
館林市市民センター

建筑师：菊竹清训
地址：群馬県館林市仲町 12-23
类型：文化建筑 / 市民会馆
年代：1963
面积：3470 m²
备注：无

群马音乐中心

雷蒙德的代表作之一。用钢筋混凝土折板构成内部大空间，外观也具有运动感。内部门厅和楼梯均有雷蒙德亲自创作的壁画，并且设有展示雷蒙德创作过程记录的房间。

馆林市市民中心

原馆林市政府，现在作为市民活动中心使用。四角的白色核心筒架着突出的玻璃幕墙是整座建筑的特征。在这段时期菊竹清训的作品中可以经常看到这种增加建筑面积的方法。

lote Zone

鬼石多功能大厅

该建筑位于原鬼石町中学校用地内。体育馆、文化厅和管理用房等功能全部被罩在玻璃围合的空间里，而体育馆等需要层高较高的空间则埋入半地下，由此保证了整体高度较低的外观。

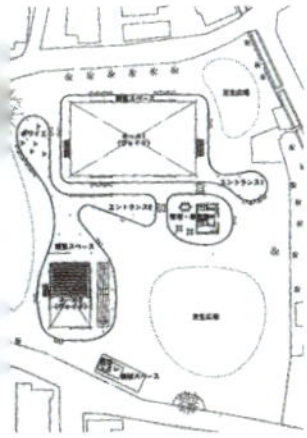

鬼石多功能大厅 · 平面图

富弘美术馆

这是为展示本地出身的诗人、画家星野富弘的作品而建设的美术馆。建筑整体在边长52米的正方形平面上有33个圆弧，依靠铁板做成的圆弧围合成了房间，圆弧相连的部分成为了出入口。而且，各个房间的材料以及构造方法都不相同，呈现出了富有趣味的空间。

05 鬼石多功能大厅
鬼石多目的ホール

建筑师：妹岛和世
地址：群馬県藤岡市鬼石 158 番地
类型：文化建筑 / 多功能厅
年代：2005
面积：2350 m^2
备注：http://www.city.fujioka.gunma.jp/kakuka/f_syougai/onisi_tamokutekihouru.html

06 富弘美术馆
富弘美術館

建筑师：aat+ makoto yokomizo 建筑设计事务所
地址：群馬県みどり市東町草木 86
类型：文化建筑 / 美术馆
年代：2005
面积：2463 m^2
备注：http://www.tomihiro.jp/

群马音乐中心 · *Antonin Raymond*

11

山梨县

Yamanashi-ken

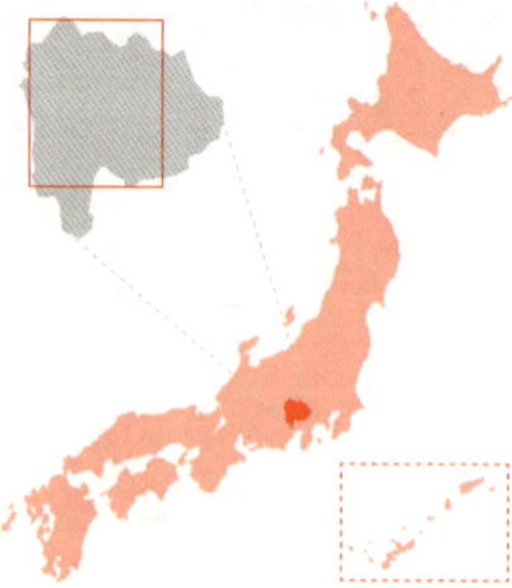

11・山梨县

建筑数量 -04

01 清春白桦美术馆 / 谷口吉生
02 茶室・徹 / 藤森照信+大岛信道
03 山梨文化会馆 / 丹下健三
04 HOTO FUDO（餐厅）/ 保坂猛

Note Zone

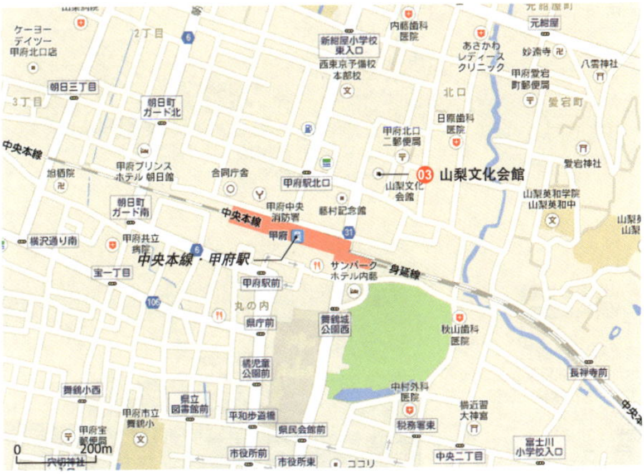

清春白桦美术馆

部分二层的钢筋混凝土建筑，在350平方米的展示室中，使用了自然采光和螺旋梯段形成了丰富的空间，常设收藏品展室可随时转换为特别展览来使用。前庭有大约80株白桦树。还有喷泉等景观。

茶室・徹

这是在离地约4米高的日本柏树上建造的茶室，形式让人联想起藤森照信的高过庵（茶室・洋长野县12）。所在的清春艺术村内还有谷口吉生设计的清春白桦美术馆和吉田五十八设计的梅原龙三郎工作室等多个著名建筑家的作品。

01 清春白桦美术馆
清春白樺美術館

建筑师：谷口吉生
地址：山梨県北杜市長坂町中丸 2072
类型：文化建筑 / 美术馆
年代：1983
面积：400 m²
备注：http://www.kiyoharu-art.com/

02 茶室 · 徹
茶室 · 徹

建筑师：藤森照信+大岛信道
地址：山梨県北杜市長坂町中丸 2072
类型：文化建筑 / 茶室
年代：2006
面积：6.07 m²
备注：http://www.kiyoharu-art.com/

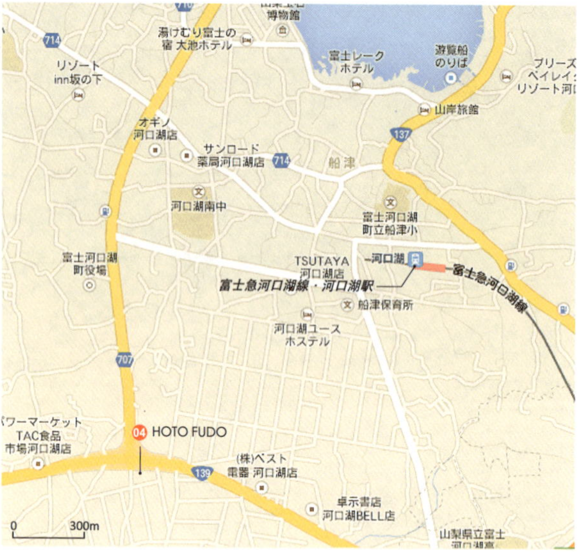

Note Zone

03 山梨文化会馆
山梨文化会館

建筑师：丹下健三
地址：山梨県甲府市北口 2-6-10
类型：文化建筑 / 会馆
年代：1966
面积：21885 m^2
备注：无

04 HOTO FUDO

建筑师：保坂猛
地址：山梨県南都留郡富士河口湖町
类型：商业建筑 / 餐厅
年代：2009
面积：726 m^2
备注：无

山梨文化会馆

它是位于甲府市车站附近的巨大尺度的建筑，包含新闻社、广播局、印刷会社等。4排4列的巨大圆柱被用作垂直交通及设备房，建筑的上下左右都可以进行扩建。4层上面设有屋顶庭园。

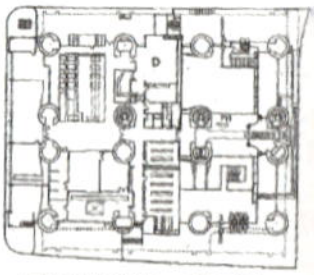
山梨文化会馆·平面图

HOTO FUDO

这是河口湖畔的饮食店，得名于山梨县特产——“馎饦”。在面向十字路口的用地上，白色的建筑是缓缓起伏的形态，入口是半圆形的开口，里面则是白色大空间。在照明设计中，只在很低的位置照亮了墙壁。

HOTO FUDO·平面图

12 新潟県 Niigata-ken

12 · 新潟县

建筑数量 -10

01 新潟故乡与乡村展示馆 / 香山寿夫
02 天寿园 · 冥想馆 / 村野藤吾
03 丰荣市立图书馆 / 安藤忠雄
04 长冈诗词大厅 / 伊东丰雄
05 龙谷寺妙光堂 / 铃木恂
06 越后妻有交流馆 KINARE / 原广司
07 越越后松之山“森的学校” / 手塚贵晴 + 手塚由比
08 ESHINNOSATO 纪念馆 / 池原义郎
09 谷村美术馆 / 村野藤吾
10 佐渡大旅馆 / 菊竹清训

ote Zone

新潟故乡与乡村展示馆

这是新潟市国道8号线休息区内的展示建筑，展示了明治、大正、昭和时期新潟的市民生活情景。中央是倾斜的大展示场，外观上的特征是由椭圆形、圆形和菱形截面的柱子支撑起的巨大悬山屋顶。

天寿园・冥想馆

这是根据村野藤吾生前设计的谷村美术馆方案模型之一建造的建筑。造型来源于水中漂浮的莲花，在广岛的世界和平纪念堂中也可看到花瓣形平面，是村野藤吾常见的设计风格。

01 新潟故乡与乡村展示馆
新潟ふるさと村アピール館

建筑师：香山寿夫
地址：新潟県新潟市西区山田 2307-1
类型：文化建筑 / 综合文化设施
年代：1991
备注：http://furusatomura.pref.niigata.jp/modules/ap13/

02 天寿园・冥想馆
天寿園・瞑想館

建筑师：村野藤吾
地址：新潟県新潟市中央区清五郎 633-8
类型：文化建筑 / 展览馆
年代：1988
面积：179 m^2
备注：http://www.nt-green-society.jp/facility01.html

Note Zon

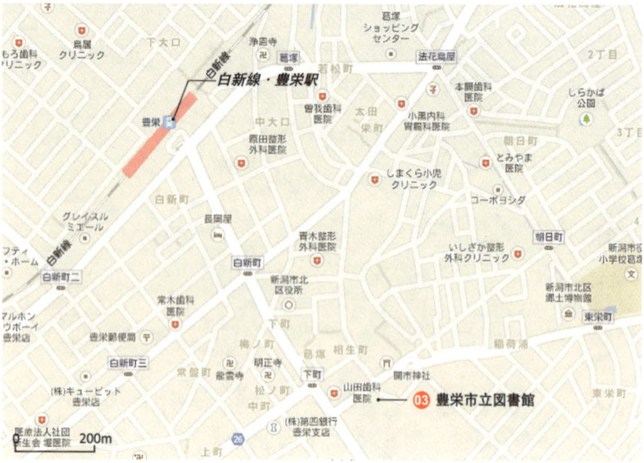

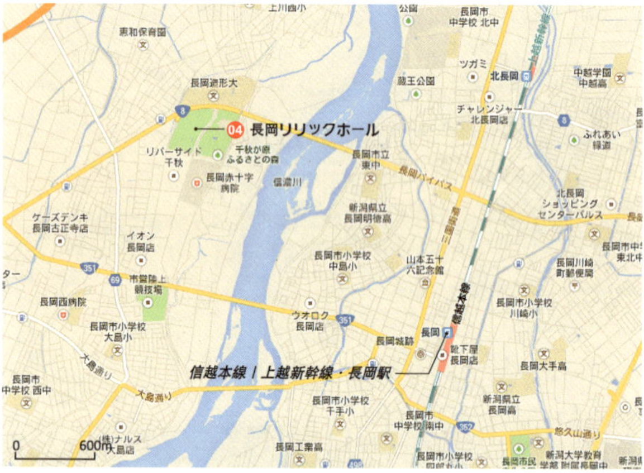

03 丰荣市立图书馆
豊栄市立図書館

建筑师：安藤忠雄
地址：新潟県新潟市北区東栄町 1-1-35
类型：科教建筑 / 图书馆
年代：2000
面积：4323 m²
备注：http://www.niigatacitylib.jp/modules/tinyd0/index.php?id=5

04 长冈诗词大厅
長岡リリックホール

建筑师：伊东丰雄
地址：新潟県長岡市千秋 3-1356-6
类型：文化建筑 / 综合文化设施
年代：1996
面积：9708 m²
备注：http://www.nagaoka-caf.or.jp/floor

丰荣市立图书馆

这是为纪念新潟市市制施行30周年修建的市立图书馆，特色是圆碗形的大屋顶。中心是采光中庭，内部由混凝土墙面与木质家具组成。

长冈诗词大厅

这是在长冈市文教区建设的集音乐厅、剧场、影棚为一体的多功能建筑。由不规则柱网支撑起的大屋顶像是在草地上缓缓波动，椭圆形和矩形的大厅从其中突出来，这是整个建筑在外观上的特点。

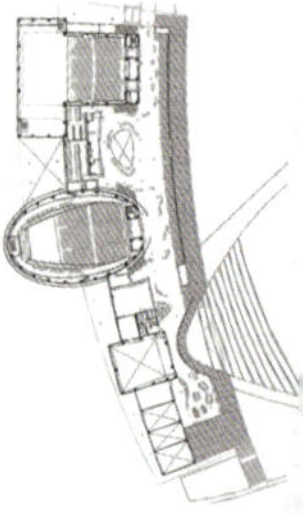

长冈诗词大厅·平面图

ote Zone

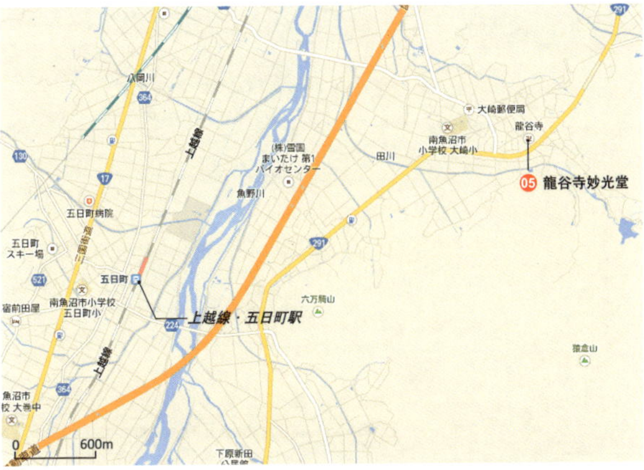

05 龙谷寺妙光堂

龍谷寺妙光堂

建筑师：铃木恂
地址：新潟県南魚沼市大崎3455
类型：宗教建筑
年代：1979
面积：206 m²
备注：无

06 越后妻有交流馆 KINARE

越後妻有交流館キナーレ

建筑师：原广司
地址：新潟県十日町市宇都宮71-26
类型：文化建筑 / 综合文化中心
年代：2003
面积：6903 m²
备注：http://kinare.jp/

龙谷寺妙光堂

亥建筑通过游廊与龙谷寺本堂相连，功能是收藏库兼展室，竣工时安放着108座佛像，现在增加到了119座。由12根柱子支撑混凝土外墙和铜板屋顶，建筑构成非常简洁。

越后妻有交流馆 KINARE

建筑功能是十日町市传统工艺的服装店和历史馆、温泉等。其形态是边长72米的二层正方体建筑中附带单层的温泉栋，正方形中央是开放的水池和环绕四周的围廊。

Note Zon

07 越后松之山“森的学校”
越後松之山「森の学校」

建筑师：手塚贵晴 + 手塚由比
地址：新潟県十日町市松之山松口 1712-2
类型：科教建筑 / 学校
年代：2003
面积：1200 m²
备注：http://www.matsunoyama.com/kyororo/

08 ESHINNOSATO 纪念馆
ゑしんの里記念館

建筑师：池原义郎
地址：新潟県上越市板倉区米増 27-4
类型：文化建筑 / 纪念馆
年代：2005
备注：http://www.eshin.org/index.shtm

越后松之山“森的学校”

这是在日本的常降雪地区建设的教育建筑设施。长约160米的蛇形建筑外墙使用的材料是焊接铜板，整栋建筑没有设置伸缩缝。为解决钢板变形，基础固定的部分很少。

ESHINNOSATO 纪念馆

该建筑是位于开阔草地上的单层纪念馆，缓缓起伏的曲面屋顶与周围地形相呼应。沿着长长的墙壁水平排布空间是池原义郎的代表设计手法。在草地与建筑之间有水面，上面设有观景平台。

ote Zone

09 谷村美术馆
谷村美術館

建筑师：村野藤吾
地址：新潟県糸魚川市京ケ峰 2-1-13
类型：文化建筑 / 美术馆
年代：1983
面积：551 m²
备注：http://www.hisuien.com/tanimura_museum/

10 佐渡大旅馆
佐渡グランドホテル

建筑师：菊竹清训
地址：新潟県佐渡市加茂歌代 4918-1
类型：商业建筑 / 旅馆
年代：1967
面积：3875 m²
备注：http://www.sadogh.grrr.jp/top.html

谷村美术馆

这是用来展示雕塑家泽田政广的12件木雕佛像而建设的美术馆。外观模仿了丝绸之路上沙漠地带房屋的风景，内部也像洞窟一样，将木雕佛像展示在了岩洞内。

佐渡大旅馆

旅馆坐落在佐渡岛的加茂湖畔，用柱子支撑起约120米长的建筑物，每层各有一个挑出的休息室。从客房望向湖面有非常好的视野。这是菊竹清训新陈代谢理论的实践范例。

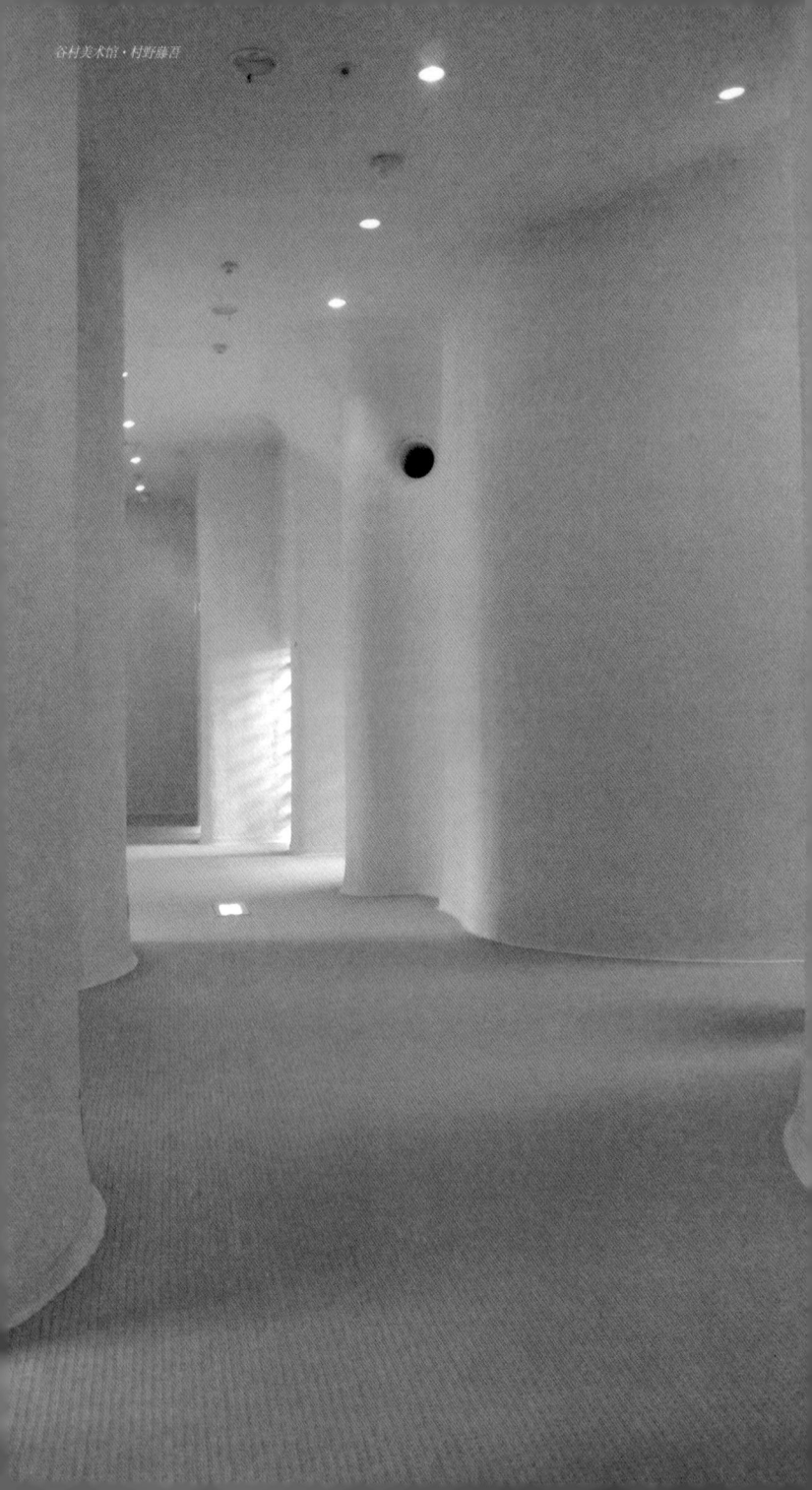

长野县 Nagano-ken

13 · 长野县

建筑数量 -18

01 田崎美术馆 / 原广司
02 石头的教堂 · 内村鉴三纪念堂 / Kendrick Kellog
03 小布施町立图书馆 / 古谷诚章
04 轻井泽千住博美术馆 / 西泽立卫
05 Peynet 美术馆（夏之家）/ 安东尼 · 雷蒙德
06 松本市民艺术馆 / 伊东丰雄
07 日本浮世绘博物馆 / 筱原一男
08 安昙野高桥节郎纪念美术馆 / 宫崎浩
09 胁田美术馆 / 吉村顺三
10 八岳高原音乐堂 / 吉村顺三
11 神长官守矢史料馆 / 藤森照信 内田祥士
12 高过庵 / 藤森照信
13 茅野市民馆 / 古谷诚章
14 下诹访町立诹访湖博物馆 · 赤 纪念馆 / 伊东丰雄
15 八岳美术馆 / 村野藤吾
16 长野县信浓美术馆 · 东山魁夷 馆 / 谷口吉生
17 安昙野千寻美术馆 / 内藤广
18 饭田市小笠原资料馆 / SANAA

lote Zone

ǀ崎美术馆

ǀ广司用堆积的屋顶和
ǀ何学的墙面构成了与
ǀ井泽的自然环境相
ǀ合的美术馆空间。展
ǀ、资料室、研究室和门
ǀ等都是围绕着中庭花
ǀ布置，该建筑1986年
ǀ得日本建筑学会赏。

ǀ头的教堂·内村鉴三纪念堂

ǀ筑形体由19个巨大的
ǀ弧拱顶沿中轴线依次
ǀ斜地排列。拱顶内部
ǀ空洞形成室内空间，
ǀ而减轻了重量，由建
ǀ时设置的内侧型钢框
ǀ结构支撑整体重量。

ǀ布施町立图书馆

ǀ角形变体的单层平
ǀ，上面覆以大帽子似
ǀ柔软曲面屋顶是整座
ǀ筑的特点。内部空间
ǀ三根树状柱子支撑，
ǀ构天井忠实地反映出
ǀ屋顶的曲面。

01 田崎美术馆
田崎美術館

建筑师：原广司
地址：長野県北佐久郡軽井沢町長倉横吹 2141-279
类型：文化建筑 / 美术馆
年代：1986
面积：594 m²
备注：http://tasaki-museum.org/

02 石头的教堂·内村鉴三纪念堂
石の教会 · 内村鑑三記念堂

建筑师：Kendrick Kellog
地址：長野県北佐久郡 軽井沢町星野
类型：宗教建筑 / 教会
年代：1988
面积：482 m²
备注：http://www.stonechurch.jp/

03 小布施町立图书馆
小布施町立図書館

建筑师：古谷诚章
地址：長野県上高井郡小布施町小布施 1491-2
类型：科教建筑 / 图书馆
年代：2009
面积：998 m²
备注：http://machitoshoterrasow.com/

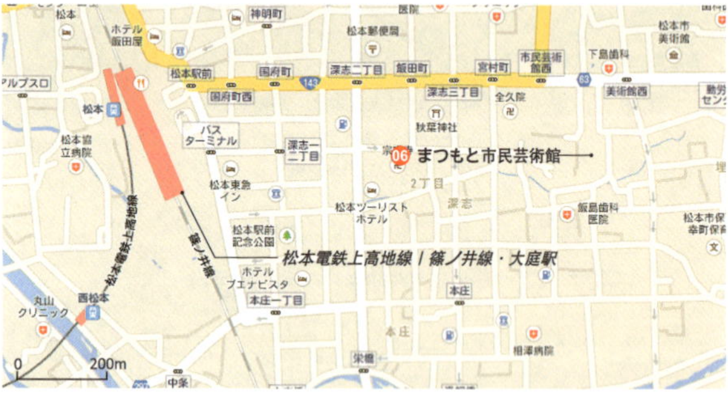

04 轻井泽千住博美术馆
軽井沢千住博美術館

建筑师：西泽立卫
地址：長野県北佐久郡軽井沢町長倉 815
类型：文化建筑 / 美术馆
年代：2011
面积：1818 m²
备注：http://www.senju-museum.jp/ja/

05 Peynet 美术馆（夏之家）
ペイネ美術館（夏の家）

建筑师：安东尼 · 雷蒙德
地址：長野県北佐久郡軽井沢町大字塩沢湖 217
类型：文化建筑 / 美术馆
年代：1933
面积：272 m²
备注：http://www.karuizawataliesin.com/peynet/peynet2004.html

06 松本市民艺术馆
まつもと市民芸術館

建筑师：伊东丰雄
地址：長野県松本市深志 3-10-1
类型：文化建筑 / 美术馆
年代：2004
面积：17673 m²
备注：http://www.mpac.jp/

Note Zon

轻井泽千住博美术馆

美术馆由日本著名美ﾞ家千住博和建筑师西泽立卫协力设计，用来介绍千住博的美术作品。美术馆模仿轻井泽自然起伏的地形，空间仿佛和千住博的美术作品融为一体。室外种植着15余种共6万多株植物。

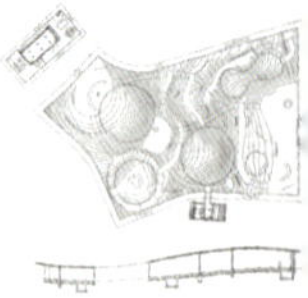

轻井泽千住博美术馆 · 平面图、立面图

Peynet 美术馆（夏之家

原安东尼 · 雷蒙德自宅"夏之家"，经迁建至轻井泽塔里艾森，现在作为佩奈美术馆对外开放。前川国男和吉村顺三都曾参与过它的设计。一层的推拉窗都可以打开形成开放的空间。

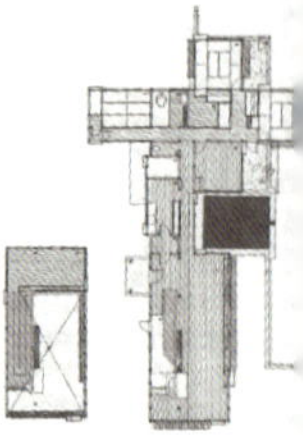

Peynet 美术馆 · 平面图

松本市民艺术馆

这是松本市中心原市民会馆基地内建造的包含1800座席大厅和240座席小厅的建筑。它的特征是强化玻璃纤维预制混凝土板做成的外墙和围绕大厅设置的回游会场。

Note Zone

日本浮世绘博物馆

由6个钢筋混凝土箱体连续排布形成几何学图案，寓意浮世绘与几何学深刻的关系。内部展示空间较狭窄，但大厅采光条件良好。

安曇野高桥节郎纪念美术馆

美术馆收藏了高桥节郎的漆器作品、墨彩画、书法等众多作品，美术馆植根于安曇野优美的自然环境，意在通过艺术培育人们丰富的想象力。2003年作为学习研究场所，在高桥节郎的出生地穗高开馆。

07 日本浮世绘博物馆
日本浮世絵博物館

建筑师：筱原一男
地址：長野県松本市島立小柴 2206－1
类型：文化建筑 / 博物馆
面积：891 m^2
年代：1982
备注：http://www.japan-ukiyoe-museum.com/

08 安曇野高桥节郎纪念美术馆
安曇野高橋節郎記念美術館

建筑师：宫崎浩
地址：長野県安曇野市穂高北穂高 408-1
类型：文化建筑 / 美术馆
年代：1996
面积：1289 m^2
备注：http://www.city.azumino.nagano.jp/setsuro_muse/index.html

Note Zone

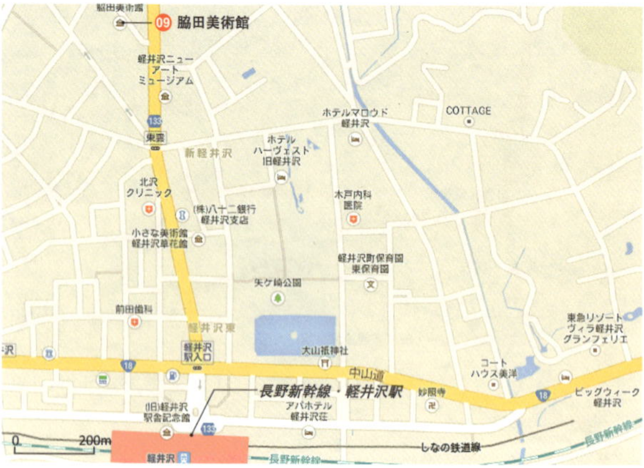

09 胁田美术馆
脇田美術館

建筑师：吉村顺三
地址：長野県北佐久郡軽井沢町旧道 1570-4
类型：文化建筑 / 美术馆
年代：1991
备注：http://www.wakita-museum.com/

10 八岳高原音乐堂
八ヶ岳高原音楽堂

建筑师：吉村顺三
地址：長野県南佐久郡南牧村大字海の口
类型：观演建筑 / 音乐厅
年代：1988
面积：1275 m^2
备注：http://www.yatsugatake.co.jp/concert/outline/index.html

脇田美术馆

美术馆坐落于保留着历史和文化面貌的旧轻井泽的一角。基地内留有胁田和使用多年的工作室，美术馆围绕着这个工作室而建造起来。光从高原直接洒向一、二层宽广的展示室及回廊式的小品空间。

八岳高原音乐堂

音乐堂位于八岳连峰海拔1565米的高地上，三角形网格是设计的基本框架。六角形的音乐厅周围围绕着开放的空间。在吉村顺三后来设计的草津音乐堂中这种手法也有所体现。

ote Zone

⑪ 神长官守矢史料馆
神長官守矢史料館

建筑师：藤森照信+内田祥士
地址：長野県茅野市宮川389-1
类型：文化建筑 / 展览馆
年代：1991
面积：184 m²
备注：http://www.city.chino.lg.jp/www/contents/1000001465000/

⑫ 高过庵
高過庵

建筑师：藤森照信
地址：長野県茅野市宮川高部
类型：文化建筑 / 茶室
年代：2004
面积：6.24 m²
备注：无

申长官守矢史料馆

藤森照信最初设计的建巟作品，用来展示诹访大社的笔头神官守谷家的历史资料。平面是长方形加一个正方形旋转5° 的简单形式，构造是钢筋混凝土，但表面是现代建筑中少见的自然素材。

高过庵

田园风景中孤单伫立的树上建筑。高约5~6米，土造外壁使建筑很自然地融入了环境的色彩中。屋顶是看上去像天然材料的纯手工制作的皮形铜板。

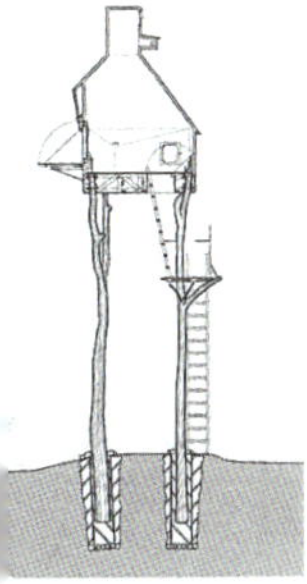

高过庵 · 剖面图

Note Zon

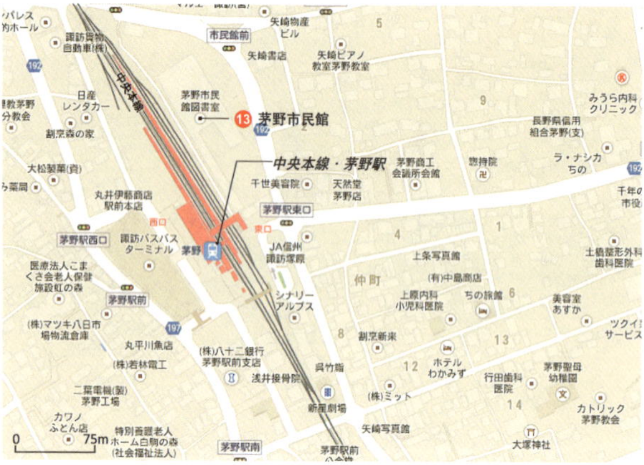

13 **茅野市民馆**
茅野市民館

建筑师：古谷诚章
地址：長野県茅野市仲町 1-22
类型：文化建筑 / 会馆、美术馆
年代：2005
面积：10806 m^2
备注：http://www.chinoshiminkan.jp/

14 **下诹访町立诹访湖博物馆·赤彦纪念馆**
下諏訪町立諏訪湖博物館・赤彦記念館

建筑师：伊东丰雄
地址：長野県諏訪郡下諏訪町西高木 10616-111
类型：文化建筑 / 博物馆
年代：1993
面积：1982 m^2
备注：http://www002.upp.so-net.ne.jp/dsmsh/

茅野市民馆

与JR茅野站直接相连的复合文化建筑，包括大小两个大厅和图书馆、美术馆以及市民展览馆等。倾斜的图书馆用玻璃围合成具有开放感的空间，从车站的高架路上可以直接进入建筑。

下诹访町立诹访湖博物馆・赤彦纪念馆

博物馆坐落在诹访湖边，悠长舒缓的曲线形银色外观和内部的木质环境之间形成了很好的对话。展示空间使用的是从柔软曲线形天井映入的间接光。

Note Zone

八岳美术馆

这是为展示雕刻家清水多嘉示的作品而建造的美术馆，坐落在八岳的松林中。用小穹顶形成的小空间连结起来，营造出了独特的形态，与周边环境相协调。内部天井用半透明窗帘覆盖，可以把透过的光柔化。

15 八岳美术馆
八ヶ岳美術館

建筑师：村野藤吾
地址：長野県諏訪郡原村八ヶ岳中央高原 17217-1611
类型：文化建筑 / 美术馆
年代：1979
备注：http://www.lcv.ne.jp/~yatsubi1/

长野县信浓美术馆·东山魁夷馆

为收藏东山魁夷的画作及相关图书而建造的美术馆，与既存的信浓美术馆相邻接。1991年4月开馆，现存艺术品960余件。谷口吉生希望在内部营造人与展品交流的空间，而外部则能够反映出四季的表情。

16 长野县信浓美术馆·东山魁夷馆
長野県信濃美術館·東山魁夷館

建筑师：谷口吉生
地址：長野県長野市箱清水 1-4-4
类型：文化建筑 / 美术馆
年代：1989
面积：4511 m²
备注：http://www.npsam.com/index.php

17 安曇野千寻美术馆

安曇野ちひろ美術館

建筑师：内藤广
地址：長野県北安曇郡松川村西原 3358-24
类型：文化建筑 / 美术馆
年代：1996
面积：1768 m^2
备注：http://www.chihiro.jp/azumino/

18 饭田市小笠原资料馆

飯田市小笠原資料館

建筑师：SANAA/ 妹岛和世 +西泽立卫
地址：長野県飯田市伊豆木 3942-1
类型：文化建筑 / 资料馆
年代：1999
面积：509 m^2
备注：http://www.82bunka.or.jp/bunkashisetsu/detail.php?no=74

安昙野千寻美术馆

东京CHIHIRO美术馆开馆20周年纪念时建造的美术馆，是坐落在整修过的公园小高地上的单层建筑。其所在的松山市，是CHIHIRO的父母在“二战”后作为开拓农民生活过的地方。

饭田市小笠原资料馆

与国家级重要文化遗产——旧小笠原书院邻接建造的资料馆。80米长的玻璃幕墙箱体被六根柱子支撑起来，下面放置圆筒形的办公室。从门厅部分的玻璃窗可以看到旧小笠原书院。

22

静冈县 Shizuoka-ken

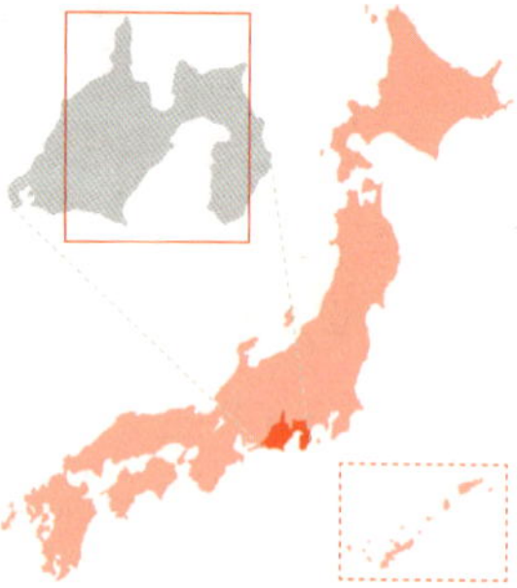

14・静冈县

建筑数量 -04

01 静冈市立芹泽銈介美术馆・石水馆 / 白井晟一
02 骏府教堂 / 西泽大良
03 秋野不矩美术馆 / 藤森照信＋内田祥士
04 日本导盲犬综合中心 / 千叶学

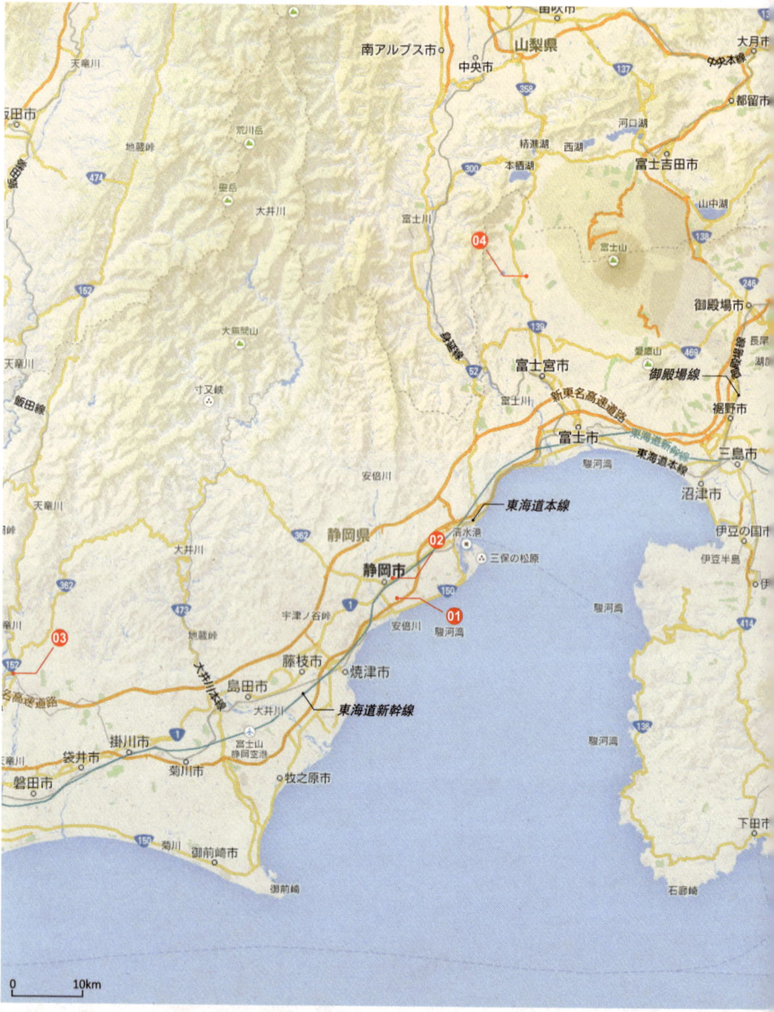

ote Zone

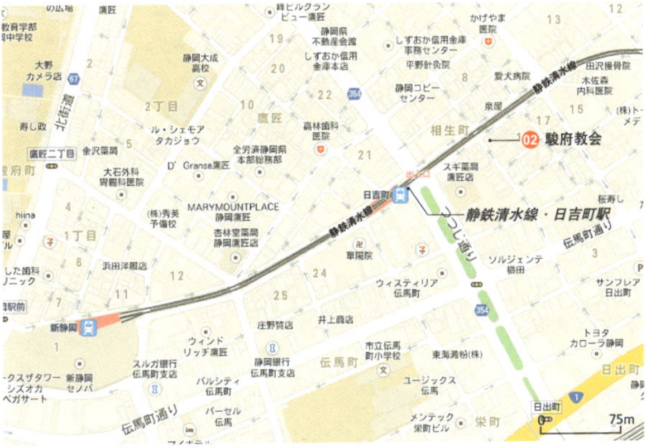

01 静冈市立芹泽圭介美术馆 · 石水馆

静岡市立芹沢銈介美術館 · 石水館

建筑师：白井晟一
地址：静岡県静岡市駿河区登呂 5-10-5
类型：文化建筑 / 美术馆
年代：1981
面积：1261 m²
备注：http://www.seribi.jp/

02 骏府教堂

駿府教会

建筑师：西泽大良
地址：静岡県静岡市葵区相生町 15-1
类型：宗教建筑 / 教会
年代：2008
面积：313 m²
备注：http://www.sunpukyokai.org/

争冈市立芹泽銈介美术官 · 石水馆

争冈市登吕遗迹公园内建造的美术馆，用以展示染色工艺家芹泽圭介的作品。外观是采用韩国产的红色御影石堆积起来的墙壁。展室围绕着中央喷水池配置，休息室可以看到中庭，有浓烈的怀古气息。

骏府教堂

建筑外形是简洁的立方体和抽象化的悬山屋顶结合的形态，外壁覆盖美国杉木，根据光线的变化呈现出不同的表情。天井很高，墙面使用镂空的木条排列，从而产生视觉上的变化。

Note Zon

03 秋野不矩美术馆
秋野不矩美術館

建筑师：藤森照信+内田祥士
地址：静冈县浜松市天竜区二俣町二俣 130
类型：文化建筑 / 美术馆
年代：1998
面积：999 m²
备注：http://www.city.hamamatsu.shizuoka.jp/akinofuku/

04 日本导盲犬综合中心
日本盲導犬総合センター

建筑师：千叶学
地址：静冈县富士宫市人穴 381
类型：商业建筑 / 宠物养护
年代：2006
面积：2933 m²
备注：http://www.fuji-harness.net/

秋野不矩美术馆

美术馆坐落在天龙市的小高地上。涂有灰浆的墙壁上突出两根落水管，左右连接着将正方形平面旋转45度、带铁平石（当地的一种石头）屋顶和杉板的部分。美术馆基本的素材和设计思想与“神长官守矢史料馆”类似。

日本导盲犬综合中心

这是在富士山山麓为导盲犬训练和退休导盲犬生活而建造的设施。蛇形回廊状的单层建筑，每一部分都拥有不同的体量感，加上内部与外部空间的交错形成了具有统一感的建筑。

23 爱知县 Aichi-ken

15・爱知县

建筑数量 -11

01 帝国饭店中央玄关 / 弗兰克・劳埃德・赖特
02 名古屋大学丰田讲堂 / 桢文彦
03 神神言神学院圣堂 / 安东尼・雷蒙德
04 墨会馆 / 丹下健三
05 一宫市博物馆 / 内井昭藏
06 Prostho 美术馆・研究中心 / 隈研吾
07 爱知县儿童综合中心 / 仙田满
08 丰田鞍池纪念馆 / 桢文彦
09 丰田市美术馆 / 谷口吉生
10 丰田市生涯学习中心・逢妻交流馆 / 妹岛和世
11 冈崎市美术博物馆 / 栗生明

Note Zone

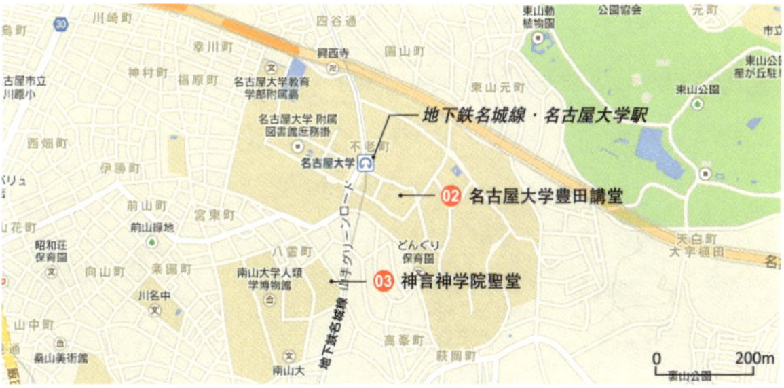

帝国饭店中央玄关

赖特在日本最著名的作品，玄关使用白色大谷石制成的栏杆强调水平线。建筑结构是复杂的砖型钢筋混凝土构造，异地重建的时候使用了现代的预制混凝土新建材代替了风化严重的大谷石。

名古屋大学丰田讲堂

1960年由桢文彦设计，成为名古屋大学的标志，用来举行名古屋大学及附属中学、高等学校的入学式和毕业式。建筑结构上采用现浇钢筋混凝土建筑方式。1962年获日本建筑学会奖。

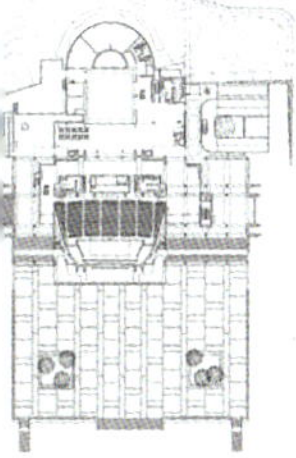

名古屋大学丰田讲堂·平面图

神言神学院圣堂

与南山大学一路相隔，学习室和办公室围绕中庭呈矩形配置，以中央圆筒形钟楼为中心，设置了五个扇形礼拜堂。建筑的开放性很高，从周围的建筑通过走廊均可到达圣堂。

01 帝国饭店中央玄关

帝国ホテル中央玄関

建筑师：弗兰克·劳埃德·赖特
地址：愛知県犬山市字内山 1 番地（博物館明治村内）
类型：商业建筑 / 旅馆
年代：1923
备注：http://www.meijimura.com/enjoy/sight/building/5-67.html

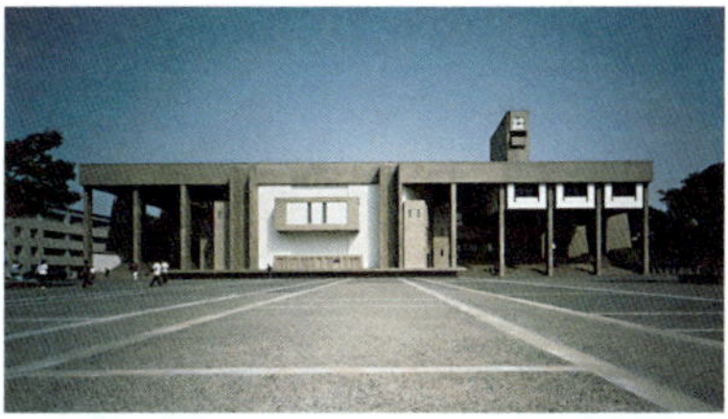

02 名古屋大学丰田讲堂

名古屋大学豊田講堂

建筑师：桢文彦
地址：愛知県名古屋市千種区不老町
类型：科教建筑 / 讲堂
年代：1960
面积：6270 m^2
备注：无

03 神言神学院圣堂

神言神学院聖堂

建筑师：安东尼·雷蒙德
地址：愛知県名古屋市昭和区 70-9 神言神学院
类型：宗教建筑 / 宗教学校
年代：1966
面积：1125 m^2
备注：http://www.dws.svdjpn.com/

Note Zon

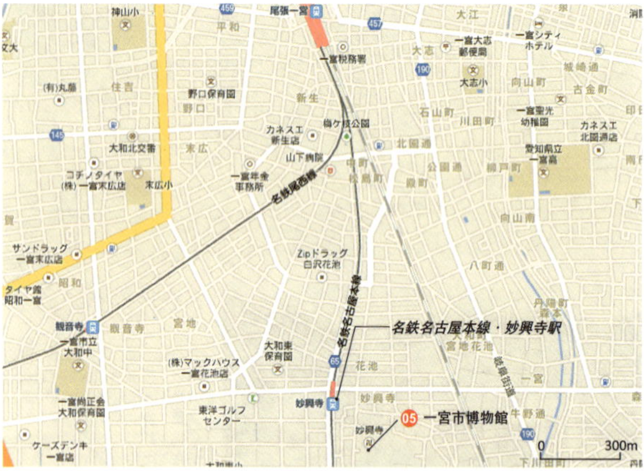

04 墨会馆
墨会館

建筑师：丹下健三
地址：愛知県一宮市小信中島字南九反 11-1
类型：文化建筑 / 会馆
年代：1957
面积：2089 m²
备注：http://www.nt-green-society.jp/facility01.html

05 一宫市博物馆
一宮市博物館

建筑师：内井昭藏
地址：愛知県一宮市大和町妙興寺妙興寺境内 2390
类型：文化建筑 / 博物馆
年代：1987
面积：4616 m²
备注：http://www.icm-jp.com/

墨会馆

钢筋混凝土结构的事务所建筑，通过玄关的车库，将台形用地北边的两层办公楼与南边单层大厅连接起来。建筑中的双梁以及现浇混凝土等反映出了丹下健三初期作品的特点。

一宫市博物馆

用来展示一宫市的历史文化遗产，1987年11月开馆。展品包括一宫市发掘出的从古代到中世的文物，以及大正至昭和时代使用的大型纺织机，展现了一宫市染织产业的发展历史。

lote Zone

rostho 美术馆 · 研究中心

这是位于春日井市低层
主宅区内、与牙科医疗
制品相关的研究设施，
内外墙壁覆盖着用60毫
米日本产扁柏木构成的
00毫米正方形格子。因
比，白天屋内会产生朦
胧的光影效果，而夜晚
灯光会透出来，映射出
美丽的纹理。

爱知县儿童综合中心

活动中心希望将孩子从
日常的束缚中解放出
来，让他们充分感受身
体体验到的东西，并且
创造能够感知自己与他
人之间存在关系的交流
机会。因此，馆内有许
多为此设计的玩具和设
施，并将此成果向社会
推广。

06 Prostho 美术馆 · 研究中心
プロソミュージアム・リサーチセンター

建筑师：隈研吾
地址：愛知県春日井市鳥居松町2
类型：科教建筑 / 研究所
年代：2010
面积：626 m^2
备注：无

07 爱知县儿童综合中心
愛知県児童総合センター

建筑师：仙田满
地址：愛知県長久手市茨ケ廻間1533-1
类型：文化建筑 / 综合活动中心
年代：1996
面积：7600 m^2
备注：http://www.acc-aichi.org/

08 丰田鞍池纪念馆
トヨタ鞍ケ池記念館

建筑师：桢文彦
地址：愛知県豊田市池田町南250
类型：文化建筑 / 纪念馆
年代：1974
面积：4340 m^2
备注：http://www.toyota.co.jp/jp/about_toyota/facility/kuragaike/

09 丰田市美术馆
豊田市美術館

建筑师：谷口吉生
地址：愛知県豊田市小坂本町 8-5-1
类型：文化建筑 / 美术馆
年代：1995
面积：11120 m^2
备注：http://www.museum.toyota.aichi.jp/

丰田鞍池纪念馆

为纪念丰田汽车产量达到一千万台而建造的纪念馆。当时，丰田汽车迎来了第二创业期，借机充实了丰田创业展示室的内容，并将开创者——丰田喜一郎生前的别墅迁至纪念馆一角。

丰田市美术馆

丰田市美术馆是展示近代和现代美术的综合美术馆。谷口吉生使用石材贴面以及乳白色毛玻璃构成了美术馆的外观，呈现出水平与垂直线条为主的极简主义特点。

Note Zone

丰田市生涯学习中心 · 逢妻交流馆

建筑由三层曲线形形体重叠而成，整体使用玻璃幕墙和细直径钢结构柱，有些类似同期妹岛和世设计的鬼石多功能厅。由于建筑使用玻璃幕墙，因此光照条件十分充足。

⑩ 丰田市生涯学习中心 · 逢妻交流馆
豊田市生涯学習センター · 逢妻交流館

建筑师：妹岛和世
地址：愛知県豊田市田町 3-20
类型：文化建筑 / 综合文化中心
年代：2010
面积：1356 m²
备注：http://www.hm3.aitai.ne.jp/~ph1/

冈崎市美术博物馆

坐落在冈崎中央综合公园的一角，昵称为“心语美术馆”。展示了德川家康时代的相关资料以及从巴洛克风格到超现实主义和现代美术的作品。以收藏品为中心，每年开展主题展、企划展等六次展览会。

⑪ 冈崎市美术博物馆
岡崎市美術博物館

建筑师：栗生明
地址：愛知県岡崎市高隆寺町字峠 1 番地
类型：文化建筑 / 博物馆
年代：1996
面积：6468 m²
备注：http://www.city.okazaki.aichi.jp/museum/bihaku/top.html

丰田市美术馆·谷口吉生

21 岐阜县 Gifu-ken

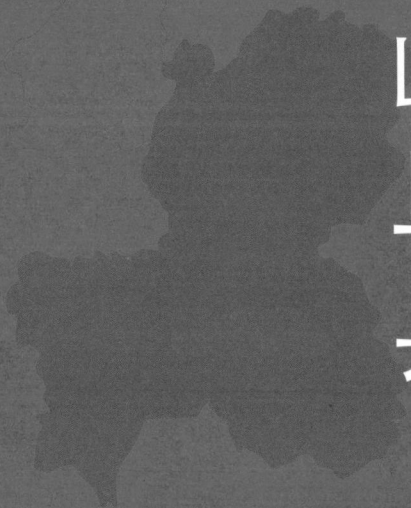

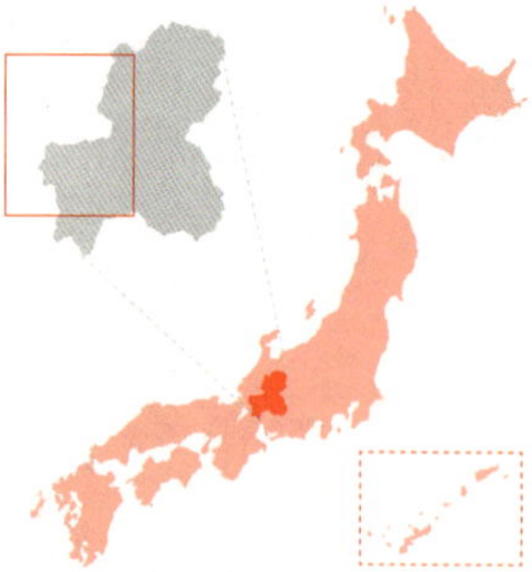

16・岐阜县

建筑数量 -12

01 白川乡
02 岐阜县立飞弹牛纪念馆 / 北川原温
03 IAMAS 多媒体工房 / SANAA
04 Soft Topia 日本中心 / 黑川纪章
05 羽岛市厅舍 / 坂仓准三
06 岐阜县营集合住宅北方・妹岛栋 / 妹岛和世
07 岐阜市民会馆 / 坂仓准三
08 长良川国际会议场 / 安藤忠雄
09 冥想的森・市营斋场 / 伊东丰雄
10 科技广场 / 理查德・罗杰斯
11 可儿市文化创造中心 ala / 香山寿夫
12 陶器广场 MINO / 矶崎新

Note Zone

白川乡

白川乡是荻町地区著名的“合掌造”聚落，属于传统日本民居形式之一，独特的景观特色帮助白川乡赢得了国际教科文组织世界文化遗产的称号。每年二月的周末实行夜晚亮灯。

01 白川乡
白川郷

地址：岐阜県大野郡白川村荻町 2495-3
类型：居住建筑 / 聚落
备注：http://www.shirakawa-go.gr.jp/

岐阜县立飞弹牛纪念馆

坐落在岐阜县深山中，展示与飞弹牛相关物品的小展览馆。外观使用杉木和桧木做成格子状，里面是自由分割的空间，为了增强结构，在局部使用了斜撑。

02 岐阜县立飞弹牛纪念馆
岐阜県立飛騨牛記念館

建筑师：北川原温
地址：岐阜県高山市清見町牧ケ洞 4393-1
类型：文化建筑 / 纪念馆
年代：2002
备注：无

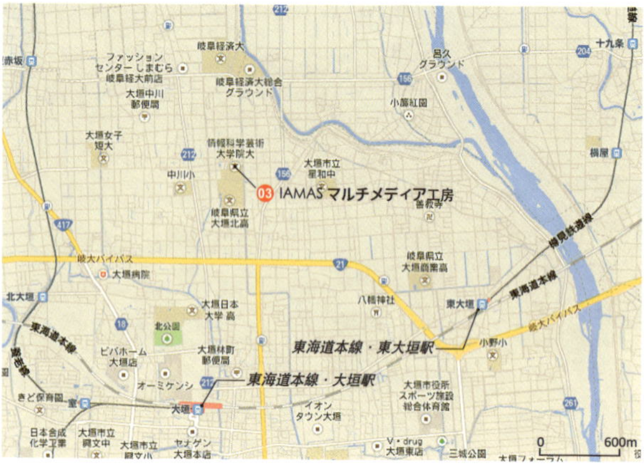

03 IAMAS 多媒体工房
IAMAS マルチメディア工房

建筑师：SANAA / 妹岛和世+西泽立卫
地址：岐阜県大垣市領家町3-95
类型：科教建筑 / 学校
年代：1996
面积：873 m²
备注：无

04 Soft Topia 日本中心
ソフトピアジャパンセンター

建筑师：黑川纪章
地址：岐阜県大垣市加賀野4-1-7
类型：文化建筑 / 多媒体中心
年代：1996
面积：8528 m²
备注：http://www.softopia.info/

Note Zon

IAMAS 多媒体工房

该建筑是县立专科学校为培养电脑艺术和多媒体人才建造的附属设施建筑。内部设有带天窗的回廊和光庭，还有木工室。建筑大多是半地下空间，屋顶设有屋顶广场。

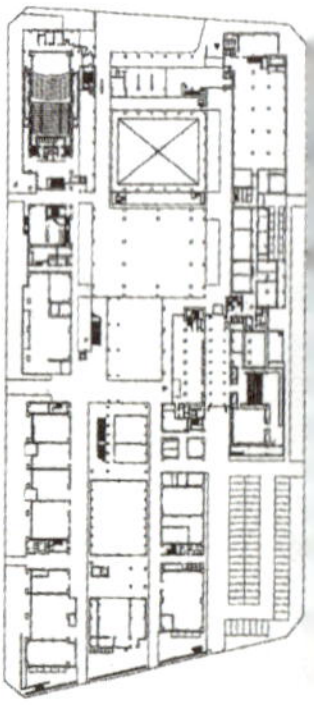

IAMAS 多媒体工房·平面图

Soft Topia 日本中心

建筑坐落在大垣市多媒体产业地区，类似机器人外观的巨大建筑物内包含多媒体游戏体验中心和信息图书馆，还有高层建筑常设的展望台。入口大厅正中摆放着织田信长的塑像。

ote Zone

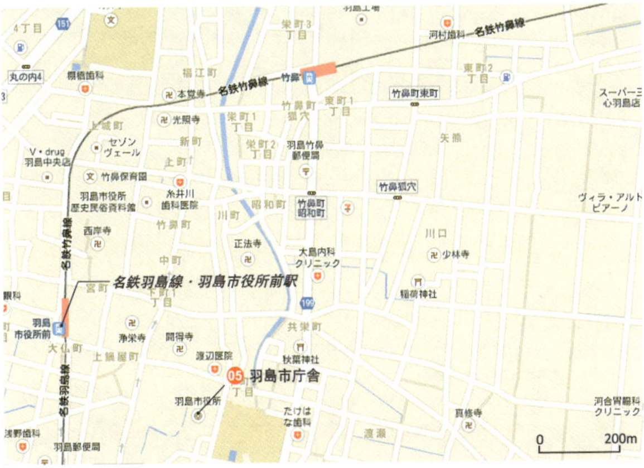

羽岛市厅舍

这是为纪念市町村合并后的羽岛市成立5周年建造的市政厅。从主入口进去是直通二层的坡道，独立的消防楼通过坡道与各层外部相连。一层露台没有设置栏杆，增强了整个建筑在池面上的漂浮感。

岐阜県営住宅ハイタウン北方妹島棟

这是老化的县营住宅改建工程，是由矶崎新发起、4名女性建筑师分别设计的集合住宅项目。住户中设置了露台，即立面上看到的空洞。住户平面上将共用走廊与个室并列配置，像是日本传统的长屋。

05 羽岛市厅舍
羽岛市庁舎

建筑师：坂仓准三
地址：岐阜県羽島市竹鼻町 55
类型：办公建筑 / 政府办公
年代：1958
备注：无

06 岐阜县营集合住宅北方·妹岛栋
岐阜県営住宅ハイタウン北方 · 妹島棟

建筑师：妹岛和世
地址：本巣郡北方町大字北方字長谷川 1857 番地
类型：居住建筑 / 集合住宅
年代：1998
面积：9559 m²
备注：无

Note Zone

07 岐阜市民会馆
岐阜市民会館

建筑师：坂仓准三
地址：岐阜県岐阜市美江寺町2-6
类型：文化建筑 / 会馆
年代：1967
面积：8265 m²
备注：http://www.kodomokan.fujisawa.kanagawa.jp/

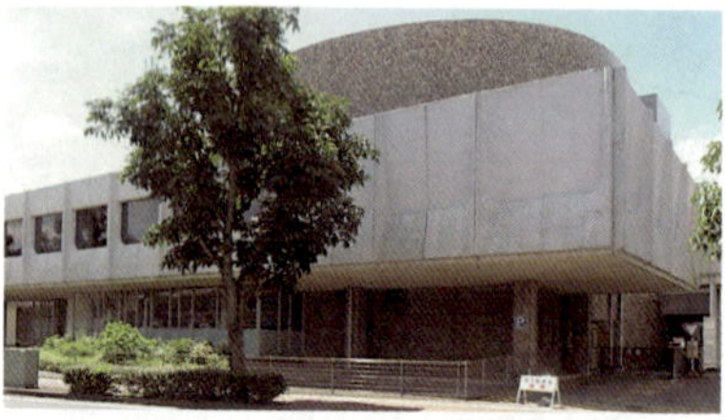

岐阜市民会馆

这是岐阜市文化普及支援设施之一。以文化艺术活动大厅和展示博物馆为中心，外观覆盖玻璃幕墙，上面斜切一个圆筒形的议事厅。议事厅为了解决音响问题，使用了特制的吸声板。

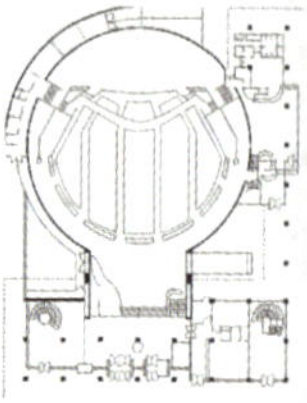

岐阜市民会馆·平面图

08 长良川国际会议场
長良川国際会議場

建筑师：安藤忠雄
地址：岐阜県岐阜市長良福光2695-2
类型：文化建筑 / 会场
年代：1995
备注：http://www.g-ncc.jp/

长良川国际会议场

这是坐落在长良川的国际会场。正面看去有着强烈的安藤建筑风格，内部庭院环绕着巨大的蛋形空间，里面是大会议厅。中间沿着缓坡上行是开阔的采光中庭。

ote Zone

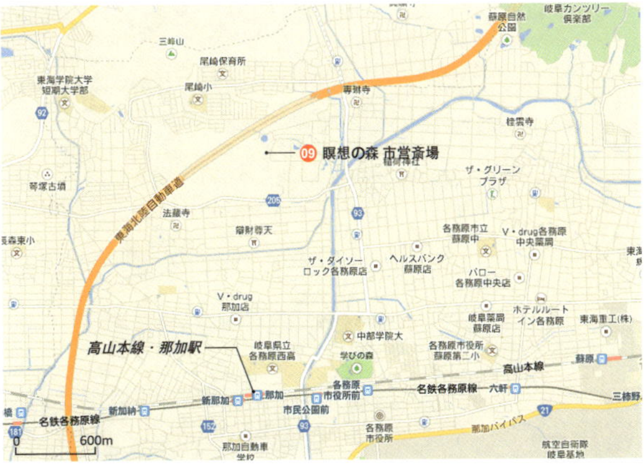

冥想的森・市营斋场

这是各务原市老旧殡仪馆的改建项目。白色大屋顶以优美的曲线覆盖了下面的空间，面向水池的墙面采用玻璃幕墙，从内部可以看到池面和周围美丽的景色，使内部空间显得更开阔。

科技广场

建造在各务原市虚拟技术企业集聚地带，由带有曲线形大屋顶的北栋和与倾斜用地契合而建的南栋组成。建筑的特色是北栋入口大厅的中央立柱及其上部的天光。

09 冥想的森・市营斋场
瞑想の森・市営斎場

建筑师：伊东丰雄
地址：岐阜県各務原市那加扇平 2-5
类型：其他 / 火葬场
年代：2004
面积：2264 m²
备注：http://www.city.kakamigahara.lg.jp/shisetsu/2947/1311/001600.html

10 科技广场
テクノプラザ

建筑师：理查德・罗杰斯
地址：岐阜県各務原市テクノプラザ 1-1
类型：商业建筑
年代：1998
面积：11463 m²
备注：http://www.gifu-techno.jp/

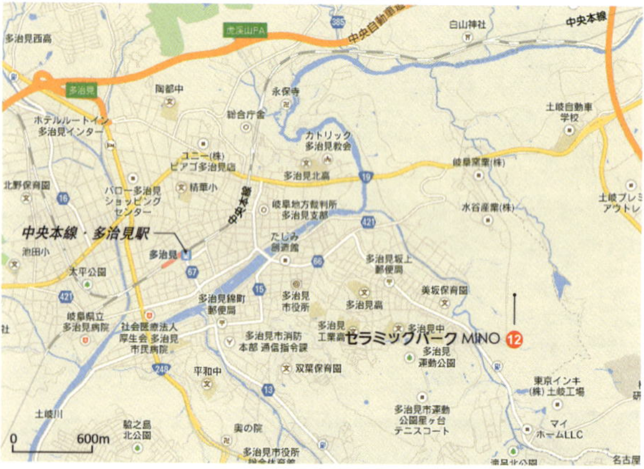

Note Zor

11 可儿市文化创造中心 ala
可児市文化創造センター ala

建筑师：香山寿夫
地址：岐阜県可児市下恵土 3433-139
类型：文化建筑 / 综合文化中心
年代：2002
面积：18410 m²
备注：http://www.kait.jp/~kaitkobo/

12 陶器广场 MINO
セラミックパーク MINO

建筑师：矶崎新
地址：岐阜県多治見市東町 4-2-5
类型：文化建筑 / 美术馆
年代：2002
面积：14466 m²
备注：http://www.cpm-gifu.jp/

可儿市文化创造中心 ala

这是"L"形的低层建筑，围绕开阔的中庭配置空间，大悬挑屋檐下的露台营造出了非常宽敞的空间感，儿童和家长们都可以在其中舒适的游戏。建筑被爱称为"ala"，源自意大利语"羽翼"的意思。

陶器广场 MINO

展示有名的"美浓烧"陶艺作品的综合建筑。受限于起伏的山地条件，建筑仿佛是融入了山中。从利用谷地营造的水池流出的水把大厅和对面的工作室联系起来。

白川乡

岐阜县营集合住宅北方妹岛栋·妹岛和世

石川県 Ishikawa-ken

17 · 石川县

建筑数量 -07

01 金泽 21 世纪美术馆 / SANAA
02 铃木大拙馆 / 谷口吉生
03 传统产业工艺馆 / 谷口吉郎
04 金泽市立玉川图书馆 / 谷口吉生 + 谷口吉郎
05 金泽海未来图书馆 / Coelacanth K&H · 堀场弘 + 工藤和美
06 石川县金泽港 · 大野 KARAKURI 纪念馆 / 内井昭藏
07 浅藏五十吉美术馆 / 池原义郎

Note Zone

金泽 21 世纪美术馆

位于金泽市中心，在直径113米的低矮圆形建筑上凸出了凹凸不平的立方体和圆柱。内部空间无规则排列，让人有迷路的感觉。从地下可以看到光庭里的透明游泳池。

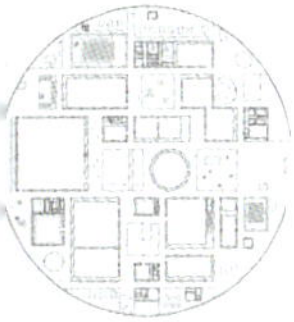

金泽 21 世纪美术馆 · 平面图

铃木大拙馆

用来展示日本禅文化代表人物——铃木大拙相关物品的展览馆。分为玄关栋、展示栋和思索空间，这些通过回廊联系起来。同时，参观路线上还有“玄关之庭”、“水镜之庭”和“露地之庭”三个有趣的庭院。

传统产业工艺馆

位于日本三大庭园之一的“兼六园”内，并且与文化遗产“成巽阁”相邻的“L”形建筑。外观用纵向格子来营造传统拉窗的氛围。1983年新美术馆建成后，这里被用作工艺馆。

01 金泽 21 世纪美术馆
金沢 21 世紀美術館

建筑师：SANAA / 妹岛和世 + 西泽立卫
地址：石川県金沢市広坂 1-2-1
类型：文化建筑 / 美术馆
年代：2004
面积：28160 m²
备注：http://www.kanazawa21.jp/

02 铃木大拙馆
鈴木大拙館

建筑师：谷口吉生
地址：石川県金沢市本多町 3-4-20
类型：文化建筑 / 纪念馆
年代：2001
面积：631 m²
备注：http://www.kanazawa-museum.jp/daisetz/

03 传统产业工艺馆
伝統産業工芸館

建筑师：谷口吉郎
地址：石川県金沢市兼六町 1 番 1 号
类型：文化建筑 / 博物馆
年代：1959
备注：http://www.ishikawa-densankan.jp/

Note Zon

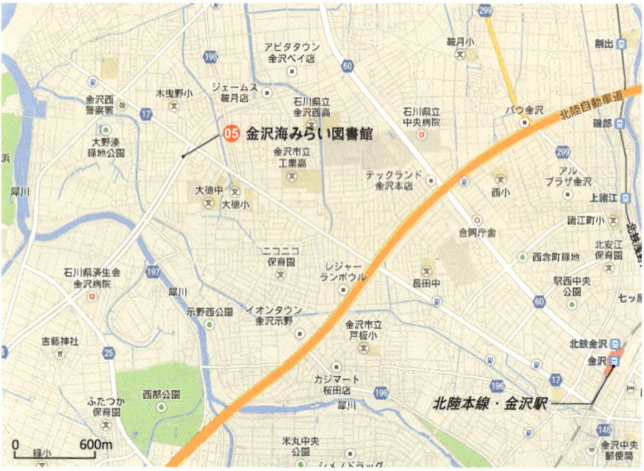

04 金泽市立玉川图书馆
金沢市立玉川図書館

建筑师：谷口吉生、谷口吉郎
地址：石川県金沢市玉川町2-20
类型：科教建筑 / 图书馆
年代：1978
面积：6340 m²
备注：http://www.lib.kanazawa.ishikawa.jp/

05 金泽海未来图书馆
金沢海みらい図書館

建筑师：Coelacanth K&H·堀场弘 + 工藤和美
地址：石川県金沢市寺中町イ1番地1
类型：科教建筑 / 学校
年代：2003
面积：1200 m²
备注：http://www.lib.kanazawa.ishikawa.jp/umimirai/

金泽市立玉川图书馆

这是对红砖造的旧烟草工厂进行部分改建的图书馆项目。为了与馆藏古书的氛围相适应，表面使用了耐候性铜板，呈现出古旧的紫色，是谷口吉生初期与其父谷口吉郎共同完成的作品。

金泽海未来图书馆

白色箱型的简单形体上，墙面用三种形状的空洞形成图案，同时圆洞也是室内空间的采光孔。平面布置也很简单：一层是大厅、事务室、儿童图书室，经旋转楼梯向上；二层是通高的中庭。

Note Zone

06 石川县金泽港 · 大野 KARAKURI 纪念馆
石川県金沢港・大野からくり記念館

建筑师：内井昭蔵
地址：石川県金沢市大野町 4-甲 2-29
类型：文化建筑 / 纪念馆
年代：1996
面积：864 m^2
备　注：http://ohno-karakuri.jp/

石川县金泽港·大野 KARAKURI 纪念馆

建造在金泽港突出部分的博物馆。该建筑分为事务室栋和展示栋，分散布置，用回廊联系起来。展示栋的支撑是使用斜柱子中间夹拉窗的复杂结构。

07 浅藏五十吉美术馆
浅蔵五十吉美術館

建筑师：池原义郎
地址：石川県能美市泉台町南 1 番地
类型：文化建筑 / 美术馆
年代：1994
面积：625 m^2
备注：http://www.kutaniyaki.or.jp/asakura/asakura.html

浅藏五十吉美术馆

这是为陶艺家浅藏五十吉建造的美术馆，基地是斜坡与道路之间的狭长地带。首先沿着墙壁走上斜坡，然后折转向下进入玄关，此时水面会从地表一点点地升起。

金泽海未来图书馆 · Coelacanth K&H

18 三重县 Mie-ken

18・三重县

建筑数量 -04

01 志摩观光旅馆 / 村野藤吾
02 海的博物馆 / 内藤广
03 卢浮雕刻美术馆 / 黑川纪章
04 LOTUS 美容沙龙 / 中村拓志

Note Zone

志摩观光旅馆

东馆（1951年）、西馆（1960年）、本馆（1969年）、宴会场增建（1983年）均为村野藤吾设计。最古老的东馆使用的是从铃鹿海军将校俱乐部转用的木料。

海的博物馆

该建筑是内藤广的代表作，包括博物馆、研究栋、收藏库和展示栋等。外观是统一的黑色，为了防止盐化损害使用了瓦屋顶。内部是木质集成材料做成的卵形空间。

海的博物馆・平面图

01 志摩观光旅馆
志摩観光ホテル

建筑师：村野藤吾
地址：三重県志摩市阿児町神明 731
类型：商业建筑 / 旅馆
年代：1969
面积：33800 m²
备注：http://www.miyakohotels.ne.jp/shima/

02 海的博物馆
海の博物館

建筑师：内藤广
地址：三重県鳥羽市浦村町大吉 1731-68
类型：文化建筑 / 博物馆
年代：1992
面积：3660 m²
备注：http://www.umihaku.com/

Note Zone

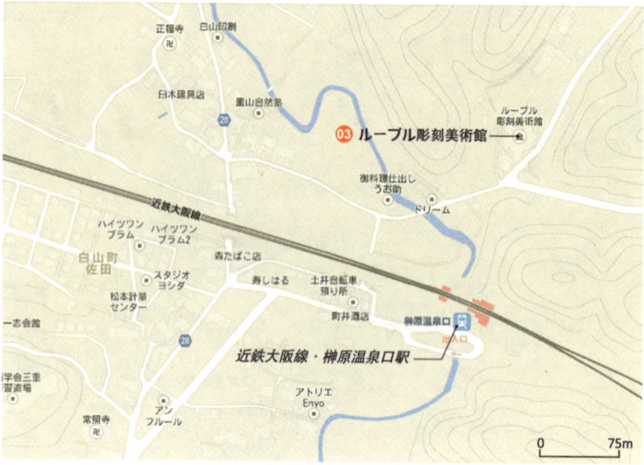

03 卢浮雕刻美术馆
ルーブル彫刻美術館

建筑师：黑川纪章
地址：三重県津市白山町佐田1957
类型：文化建筑 / 美术馆
年代：1987
备注：http://www.louvre-m.com/

04 LOTUS 美容沙龙
LOTUS BEAUTY SALON

建筑师：中村拓志
地址：三重県桑名市星見が丘 6-905
类型：商业建筑 / 美容店
年代：2006
面积：626 m²
备注：http://www.edge-hair.com/index.html

卢浮雕刻美术馆

被称为卢浮宫姐妹馆的雕刻美术馆，收集了很多以卢浮宫原作为模板的仿制品。除了展品之外，建筑本身还用混凝土模仿了卢浮宫的玻璃金字塔造型。

LOTUS 美容沙龙

这是桑名市主干道边的美容院。建筑外形横向伸展，屋顶很薄，内部则是由曲线构成的不完全封闭的房间，形成了如同蚁穴一样的平面。

25 滋贺县 Shiga-ken

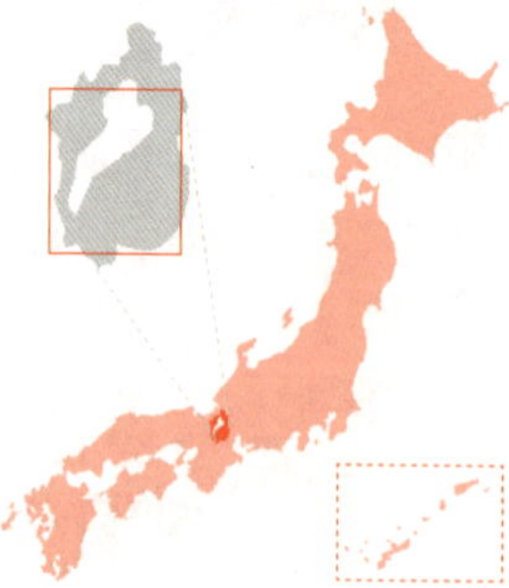

19・滋贺县

建筑数量 -04

01 大津柳崎净水厂 / 川崎清
02 西武大津购物中心 / 菊竹清训
03 美秀美术馆 / 贝聿铭
04 米原町立米原幼儿园 / 远藤秀平

ote Zone

01 **大津柳崎净水厂**
大津柳が崎浄水場

建筑师：川崎清
地址：滋賀県大津市柳が崎6-1
类型：其他 / 净水工厂
年代：1965
备注：无

02 **西武大津购物中心**
西武大津ショッピングセンター

建筑师：菊竹清训
地址：滋賀県大津市におの浜2-3-1
类型：商业建筑 / 商场
年代：1976
面积：28364 m²
备注：无

大津柳崎净水厂

该建筑是在琵琶湖西岸建造的大津市净水厂。两层建筑中一半是泵房，剩下的是电气室和事务室。十字形平面上6根柱子支撑着屋顶板，因此外墙并不承重。

西武大津购物中心

建造在琵琶湖附近的百货店，是菊竹清训对阶梯状商业设施的实践。由于配置了阶梯状的阳台，所以人们可以从外部直接进入，并且可以营造丰富的绿化空间。

03 美秀美术馆
ミホ・ミュージアム

建筑师：贝聿铭
地址：滋賀県甲賀市信楽町田代桃谷 300
类型：文化建筑 / 美术馆
年代：1994
面积：17400 m²
备注：http://www.miho.or.jp/japanese/index.htm

04 米原町立米原幼儿园
米原町立米原幼稚園

建筑师：远藤秀平
地址：滋賀県米原市入江 296
类型：科教建筑 / 幼儿园
年代：2003
面积：1231 m²
备注：无

Note Zon

美秀美术馆

该建筑物约80%被埋在地下，尽可能降低本身对周边景观的影响。由于消防法的限制，天井玻璃的框架使用了仿木质的金属素材。内部针对每一件展品都单独考虑了自然采光的设计。

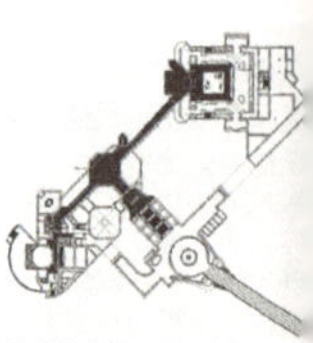

美秀美术馆·平面图

米原町立米原幼儿园

坐落在米原町的幼儿园。该建筑平面上，沿着用地相邻两边配置成“L”形，中间围合成庭园。建筑由大大小小若干卵形空间连接成整体，被远藤秀平称为“泡泡建筑”。

20 奈良县 Nara-ken

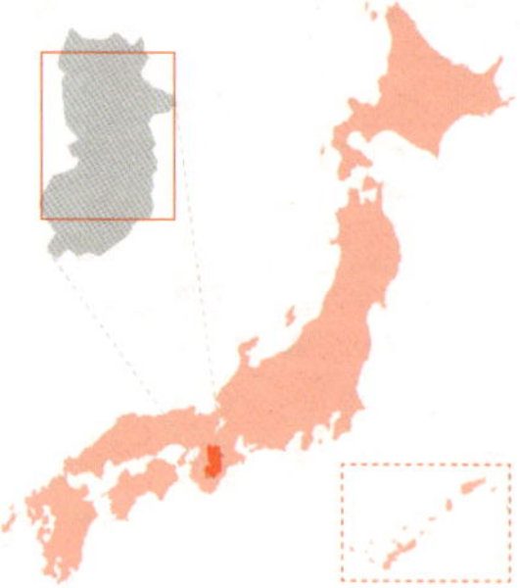

20・奈良县

建筑数量 -09

01 东大寺
02 奈良国立博物馆陈列馆本馆 / 吉村顺三
03 元兴寺
04 奈良市民大厅 / 矶崎新
05 唐招提寺
06 药师寺
07 大和文华馆 / 吉田五十八
08 法隆寺
09 飞鸟寺

ote Zone

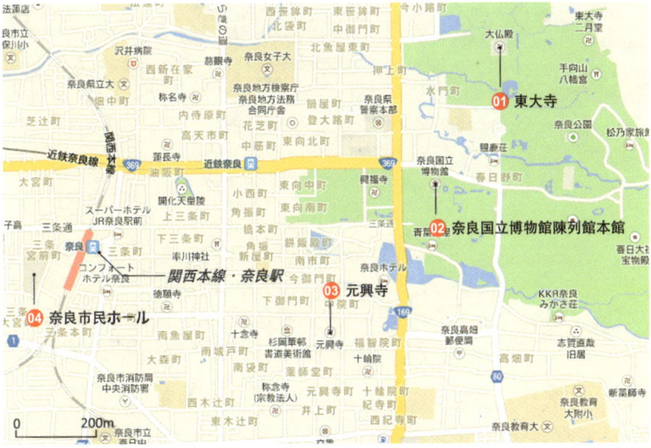

01 东大寺
東大寺

地址：奈良県奈良市雑司町406-1
类型：宗教建筑 / 寺院
年代：741
备注：http://www.todaiji.or.jp/

02 奈良国立博物馆陈列馆本馆
奈良国立博物館陳列館本館

建筑师：吉村顺三
地址：奈良県奈良市登大路町50
类型：文化建筑 / 博物馆
年代：1972
面积：5448 m^2
备注：http://www.narahaku.go.jp/

03 元兴寺
元興寺

地址：奈良県奈良市中院町11
类型：宗教建筑 / 寺院
年代：588
备注：http://www.gangoji.or.jp/tera/jap/link/link.html

04 奈良市民大厅
奈良市民ホール

建筑师：矶崎新
地址：奈良県奈良市三条宫前町7-1
类型：文化建筑 / 会馆
年代：1998
面积：22682 m^2
备注：http://www.nara100.com/

大寺

大寺属于日本华严宗本山的寺院，也被称"金光明四天王护国"。是日本圣武天皇奈良时代倾尽国力建的寺院。南都七大寺一，距今约有1200余的历史。1998年被选世界文化遗产。

良国立博物馆陈列馆馆

山东熊在1894年设计国立博物馆的别馆，馆别馆由地下通路联起来。由于处在奈良园内，考虑到对周围观的影响，层高被压很低。

兴寺

本南都七大寺之一。于奈良市芝新屋町。我马子在飞鸟创建的兴寺是其前身。法兴伴随平成的迁都从飞移到新都城，成了现的元兴寺。

良市民大厅

良市为100周年纪念建的音乐厅，通过国际赛而征集的方案。建位于JR奈良站的再开地区，原本在JR车站边是少有人活动的地。建筑平面像是稍稍动的椭圆形。

Note Zon

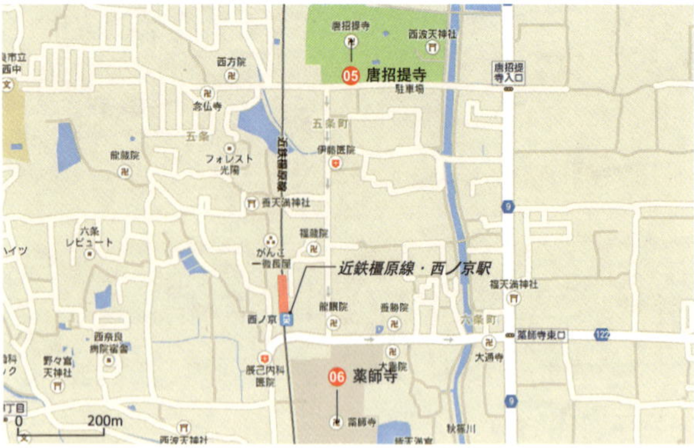

05 唐招提寺
唐招提寺

地址：奈良県奈良市五条町13-46
类型：宗教建筑 / 寺院
年代：759
备注：http://www.toshodaiji.jp/

06 药师寺
薬師寺

地址：奈良県奈良市西ノ京町457
类型：宗教建筑 / 寺院
年代：698
备注：http://www.nara-yakushiji.com/

07 大和文华馆
大和文華館

建筑师：吉田五十八
地址：奈良県奈良市学園南1-11-6
类型：文化建筑 / 博物馆
年代：1960
面积：2324 m^2
备注：http://www.kintetsu.jp/yamato/

唐招提寺

唐招提寺属于南都六宗之一的“律宗”，简称“招提寺”。寺院位于奈良市西京五条。由唐鉴真主持在759年建成，它与东大寺的戒坛院同为传播、研究律学的两大道场。

药师寺

位于日本奈良市西京，又称“西京寺”，为日本法相宗大本山之一，南都七大寺之一。建于日本天武天皇9年（68 年）。1998年，作为古奈良的历史遗迹的一部分而列入世界遗产名单之中。

大和文华馆

美术馆的基地周围被水池包围，是非常好的场所。建筑外墙采用的是传统的喷涂白漆的做法。在展室的中央设置了中庭用于自然采光，里面种了竹子，创造出了轻松舒适的意境。

lote Zone

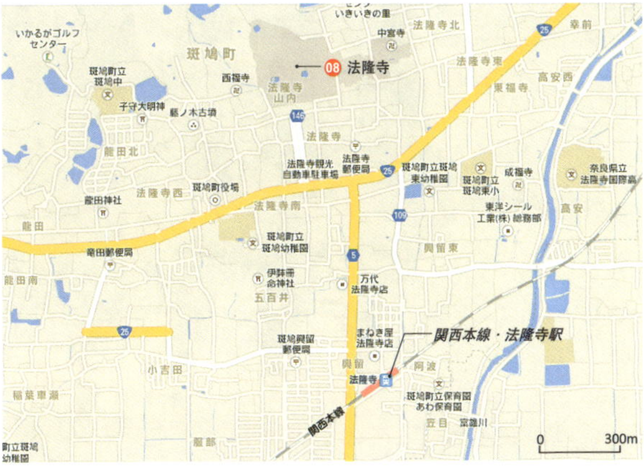

08 法隆寺

法隆寺

地址：奈良県生駒郡斑鳩町法隆寺山内 1-1

类型：宗教建筑 / 寺院

年代：607

备注：http://www.horyuji.or.jp/

09 飞鸟寺

飛鳥寺

地址：奈良県高市郡明日香村飛鳥 682

类型：宗教建筑 / 寺院

年代：587

备注：http://www.asuka-tobira.com/asukakyo/asukadera.htm

去隆寺

去隆寺，又称斑鸠寺，位于日本奈良生驹郡斑鸠丁，是圣德太子在飞鸟时弋建造的佛教木结构寺亩，据传始建于607年。950年从法相宗独立，现在是圣德宗的本山。

飞鸟寺

飞鸟寺是一座日本最古老的正式寺庙。是由苏我马子发起，于596年兴建成的。后来在镰仓时弋其大半规模毁于火灾，现在的本堂是在江户时弋重新兴建的。

法隆寺

26

京都府

Kyoto-fu

21 · 京都府

建筑数量 -72

01 下鸭神社
02 北村美术馆 / 北村捨次郎 + 吉田五十八
03 相国寺本堂（法堂）
04 仙洞御所
05 新岛旧邸
06 山紫水名处（赖山阳书斋）/ 赖山阳
07 百万遍知恩寺宝物馆 / 高口恭行
08 知恩寺御影堂
09 京都大学综合体育馆 / 增田友也
10 重森三玲庭园美术馆 / 重森三玲
11 泉屋博物馆 / 日建设计
12 南禅寺
13 京都市美术馆 / 京都市建筑科
14 京都国立近代美术馆 / 桢文彦
15 京都会馆 / 前川国男
16 细见美术馆 / 大江匡
17 青莲院
18 知恩院
19 二条城二丸御殿
20 二条城本丸御殿
21 本法寺
22 京都府京都文化博物馆别馆 / 辰野金吾
23 TIME'S / 安藤忠雄
24 慈照寺（银阁寺）
25 曼殊院
26 修学院离宫
27 瑠璃光院
28 八坂神社本殿
29 高台寺
30 清水寺
31 京都国立博物馆平常展示馆 / 谷口吉生
32 京都国立博物馆 / 片山东熊
33 妙法院库里 · 大书院
34 智积院
35 莲华王院本堂（三十三间堂）
36 角屋
37 西本愿寺
38 东本愿寺
39 京都塔 / 山田守
40 JR 京都车站 / 原广司
41 鹿苑寺（金阁寺）
42 大德寺
43 龙安寺方丈庭园
44 仁和寺
45 妙心寺
46 天龙寺
47 霞中庵 竹内栖凤纪念馆 / 竹内栖凤
48 大觉寺
49 松尾大社本殿
50 西芳寺
51 桂离宫
52 国际日本文化研究中心 / 内井昭藏
53 三千院
54 泷泽家住宅（匠斋庵）
55 中川照片展览馆 / 村上徹
56 上贺茂神社
57 井关家住宅
58 国立京都国际会馆 / 大谷幸夫
59 京都府立陶板名画庭 / 安藤忠雄
60 高山寺石水院
61 东福寺
62 泉涌寺
63 伏见稻荷大社
64 法界寺
65 醍醐寺
66 万福寺大雄宝殿
67 平等院宝物馆 · 凤翔馆 / 栗生明
68 平等院凤凰堂
69 宇治上神社
70 大山崎山庄美术馆 / 安藤忠雄
71 听竹居 / 藤井厚二
72 妙喜庵 · 待庵

芹生峠
古知谷
阿弥陀寺
京都大原
パブリック
コース
新知恩院
小野
伊香立公園
明院
貴船神社
鞍馬寺
鞍馬
勝林院
春日山公園
堅田
京都市
北区
貴船口
京都大原
記念病院
堅田雄琴
湖岸公園
おごと温泉
横高山
三石岳
大津市
市原
雄琴湖岸
緑地
二軒茶屋
木野
八瀬
比叡山口
ケーブル
延暦寺
松ノ馬場
比叡山坂本
赤山禅院
修学院
穴太
唐崎
北区役所
北大路通
金閣寺
滋賀里
南滋賀
琵琶湖
湖岸緑地
元田中
銀閣寺
北野白梅町
上京区
京都御苑
柳が崎
湖畔公園
大津京
花園
京都府庁
大文字山
大津市役所
二条
中京区
浜大津
矢橋帰帆島
阪急嵐山線
阪急京都線
東海道本線
湖西線
八坂神社
大津
西京極総合
運動公園
膳所
丹波口
五条通
大津IC
大津SA
膳所本町
山科
四宮
大谷
下京区
東山区
京都東
瀬田
京都
山科区
粟津
西大路
石山
南区役所
山科区役所
東海道新幹線
瀬田西IC
瀬田東
地下鉄東西線
稲荷
上鳥羽口
高塚山
桂川
竹田
伏見桃山
ゴルフコース
京都国際
カントリー
倶楽部
石山寺
醍醐寺
京都南
石山
伏見
醍醐山
桂川パーキング
エリア
伏見区役所
伏見区
京阪本線
奈良線
六地蔵
瀬田川
桃山南口
中書島
奈良線
近鉄京都線
横大路
運動公園
黄檗
笠取
南郷
猪股山
黄檗公園
宇治西
宇治東
巨椋池
巨椋
宇治市
大津カントリー
クラブ東コース
淀
久御山
久御山淀
久御山JCT
大津カントリー
クラブ西コース
小倉
宇治
明星山
京阪カントリー
倶楽部
宇治
久世郡
槇ノ尾山
宇治田原
カントリー
倶楽部
伊勢田
宇治市
植物公園
禅定寺
新田
久御山南
山城総合
運動公園
八幡市
八幡東
久津川
城陽カントリー
倶楽部
城陽市役所
宇治田原町
城陽IC
城陽市
宇治田
原町役場
綴喜郡
0
1.5km

01 下鴨神社
02 相国寺本堂（法堂）
03 北村美術館
04 仙洞御所
05 新島旧邸
06 山紫水名処
京阪本線 / 叡山電鉄本線・出町柳駅
京阪本線・神宮丸太町駅
地下鉄烏丸線・丸太町駅
出町柳
神宮丸太町
丸太町
今出川
鞍馬口
烏丸鞍馬口
烏丸寺之内
烏丸今出川
烏丸中立売
烏丸下長者町
烏丸下立売
烏丸丸太町
今出川御門
今出川通
丸太町通
上立売通
御蔭通
近衛通
荒神口
荒神橋東詰
河原町今出川
河原町丸太町
府立医大病院前
葵橋東詰
葵橋西詰
出雲路橋西詰
川端東一条
丸太町柳馬場
賀茂川
鴨川
下鴨本通
下鴨中通
下鴨西通
寺町通
烏丸通
川端通
京阪鴨東線
東鞍馬口通
上御霊前通
上切通し
下鴨神社
賀茂御祖神社
河合神社
糺の森
相国寺本堂
京都御所
京都御苑
大宮御所
仙洞御所
白雲神社
宗像神社
厳島神社
同志社大学
同志社女子大学
今出川キャンパス
京都府立医科大学
河原町キャンパス
京都大学
東南アジア
研究所図書室
金剛能楽堂
京都家庭裁判所
京都地方裁判所
京都府立医科大学附属病院
ゲストハウス
トンボ
ザ・パレス
サイドホテル
富小路広場
グラウンド
0
200m

下鸭神社

贺茂御祖神社是位于京都市左京区的神社，通称下鸭神社。平安时代中期以后，每隔21年进行一次迁宫仪式，但现在仅进行部分修复，也是联合国教科文组织登记的世界文化遗产之一。

相国寺本堂（法堂）

号称日本最大的禅宗本堂，正面五开间，进深五开间。正面宽度达28米，佛殿法堂使用了抽柱构法，因此在内部形成了宽敞的无柱空间。

北村美术馆

这是为了保存实业家和茶道家北村谨次郎的收藏品，由北村文华财团投资建设的美术馆。后来变为茶道美术馆对外开放。美术馆邻接“四君子苑”茶室。

仙洞御所

仙洞御所，是1627年由小堀远州为后水尾上皇建造的御所，正式名称为樱町殿。仙洞御所的建筑群在1854年火灾后未曾再建，现在仅存庭园。

新岛旧邸

这是新岛襄的私人住宅，根据其波士顿友人J.M.希尔斯寄赠的图样建造。建筑外观是殖民地样式，构造基本上是和风寄栋式（有4面倾斜屋顶的传统构造形式），平面布置是传统的“田”字形。

山紫水名处（赖山阳书斋）

山紫水名处位于丸台町桥北侧，面朝鸭川西岸，是赖山阳的书斋兼茶室。赖山阳是江户时代后期活跃的儒学家、诗人和历史学家。

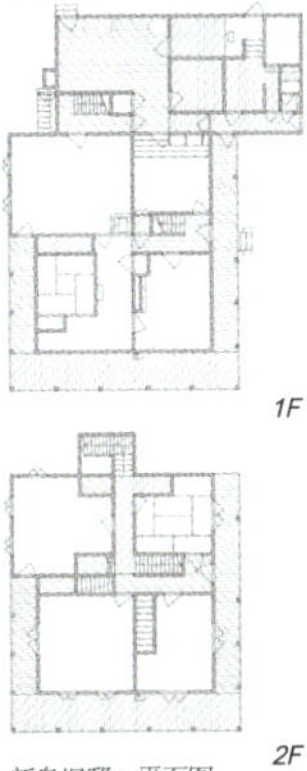

新岛旧邸 · 平面图

01 下鸭神社
下鴨神社

地址：京都市左京区下鴨泉川町 59
类型：宗教建筑 / 寺院
年代：1863
备注：http://www.shimogamo-jinja.or.jp/

02 相国寺本堂（法堂）
相国寺本堂（法堂）

地址：京都市上京区相国寺門前町 701
类型：宗教建筑 / 寺院
年代：1382
备注：http://www.shokoku-ji.jp/

03 北村美术馆
北村美術館

建筑师：北村捨次郎、吉田五十八
地址：京都市上京区梶井町 448
类型：文化建筑 / 美术馆
年代：1944
面积：306 m^2
备注：http://kitamura-museum.com/

04 仙洞御所
仙洞御所

地址：京都府京都市上京区京都御苑 3
类型：宗教建筑 / 宫殿
年代：1627
备注：http://sankan.kunaicho.go.jp/guide/sento.html

05 新岛旧邸
新島旧邸

地址：京都市上京区松蔭町 140-4
类型：居住建筑 / 住宅
年代：1878
面积：217 m^2
备注：http://kyutei.doshisha.ac.jp/reserve/index.html（要预约）

06 山紫水名处（赖山阳书斋）
山紫水名処（頼山陽書斎）

建筑师：赖山阳
地址：京都市上京区南町 山紫水明処
类型：文化建筑 / 茶室
年代：1828
备注：http://www.kyoto-ga.jp/kyononiwa/2009/09/teien002.html（要预约）

07 百万遍知恩寺宝物館
08 知恩寺御影堂
09 京都大学総合体育館
10 重森三玲庭園美術館
11 泉屋博物館
12 南禅寺
13 京都市美術館
14 京都国立近代美術館
15 京都会馆
16 細見美術館
17 青蓮院
18 知恩院
京阪本線｜叡山電鉄本線・出町柳駅
京阪本線・神宮丸太町駅
京阪本線・三条駅
地下鉄東西線・東山駅
地下鉄東西線・蹴上駅
今出川通
丸太町通
三条通
四条通
東大路通
白川通
京都大学
平安神宮
岡崎公園
吉田山緑地
真正極楽寺
京都市動物園
0
200m

Note Zone

百万遍知恩寺宝物馆

这是1987年建设的细长型建筑物，门前有姿态优美的松树。建筑沿着现存的步廊建造，墙壁有格子花纹，屋顶是悬山形式。建筑整体是独立的门型钢筋混凝土框架结构。

知恩寺御影堂

位于京都市东山区的寺院，净土宗总本山。山号“华顶山”。建筑为禅宗样式，是近代佛堂的代表建筑。御影堂是知恩寺本堂的别称。

京都大学综合体育馆

地下一层和一层分别是武道场和体操室，二层有一间带观众席的主体育馆。体育馆外墙不规则地开着正方形窗洞，给单调的室内场馆空间带来了丰富的光影。

重森三玲庭园美术馆

这是吉田神社的社家铃鹿家族的宅邸，1943年让渡给了庭园师重森三铃。主屋建于1716年，书院建于1789年，是江户时期的建筑物。

泉屋博物馆

该馆收藏有古代中国的青铜器以及茶道用具、佛像、绘画等大约3000件物品。收集的这些大量珍藏品有些在世界上享有很高的评价。

南禅寺

这是一所佛教寺院，为临济宗南禅寺派大本山。南禅寺是日本最早的由皇室发愿建造的禅宗寺院，因此位列京都五山之上，为日本禅宗最高寺院。

07 百万遍知恩寺宝物馆
百万遍知恩寺宝物館

建筑师：高口恭行
地址：京都市左京区田中門前町 103-27
类型：文化建筑 / 展览馆
年代：1987
面积：84 m^2
备注：无

08 知恩寺御影堂
知恩寺御影堂

地址：京都市左京区田中門前町 103-27
类型：宗教建筑 / 佛堂
年代：1756
备注：http://hyakusan.jp/

09 京都大学综合体育馆
京都大学総合体育館

建筑师：增田友也
地址：京都市左京区吉田本町
类型：体育建筑 / 体育馆
年代：1972
面积：7925 m^2
备注：无

10 重森三玲庭园美术馆
重森三玲庭園美術館

建筑师：重森三玲
地址：京都府京都市左京区吉田上大路町 34
类型：文化建筑 / 庭园
年代：1970
备注：http://www.est.hi-ho.ne.jp/shigemori/association-jp.html（要预约）

11 泉屋博物馆
泉屋博物館

建筑师：日建设计
地址：京都市左京区鹿ケ谷下宮ノ前町 24
类型：文化建筑 / 博物馆
年代：1970
面积：4089 m^2
备注：http://www.sen-oku.or.jp/

12 南禅寺
南禅寺

地址：京都市左京区南禅寺福地町 86
类型：宗教建筑 / 寺院
年代：1291
备注：http://nanzenji.com/

⑬ 京都市美术馆
京都市美術館

建筑师：京都市建筑科
地址：京都市左京区岡崎円勝寺町 124
类型：文化建筑 / 美术馆
年代：1933
备注：http://www.city.kyoto.jp/bunshi/kmma/

⑭ 京都国立近代美术馆
京都国立近代美術館

建筑师：槙文彦
地址：京都市左京区岡崎円勝寺町
类型：文化建筑 / 美术馆
年代：1986
面积：9983 m^2
备注：http://www.momak.go.jp/

⑮ 京都会馆
京都会館

建筑师：前川国男
地址：京都市左京区岡崎最勝寺町 13
类型：文化建筑 / 多功能大厅、剧场
年代：1960
面积：16852 m^2
备注：无

⑯ 细见美术馆
細見美術館

建筑师：大江匡
地址：京都市左京区岡崎最勝寺町 6-3
类型：文化建筑 / 美术馆
年代：1997
面积：1370 m^2
备注：http://www.emuseum.or.jp/

⑰ 青莲院
青蓮院

地址：京都府京都市東山区粟田口三条坊町 69-1
类型：宗教建筑 / 寺院
年代：1150
备注：http://www.shorenin.com/haikan/

⑱ 知恩院
知恩院

地址：京都市東山区林下町 400
类型：宗教建筑 / 寺院
年代：1175
备注：http://www.chion-in.or.jp/index.php

Note Zon

京都市美术馆

位于京都市左京区冈崎公园内的美术馆。建设计划始于1928年，目的是为纪念昭和天皇的即位大典在京都举行，是继东京都美术馆之后日本第二座公立美术馆。

京都国立近代美术馆

位于京都市左京区冈崎公园内，是由独立行政法人国立美术馆运营的美术馆。主要展示以京都为中心的关西、西日本的美术作品。该馆积极地收集、展示京都画坛的日本画、洋画。

京都会馆

会馆内的第一大厅是京都府内唯一的超过两千座席的大会场，从1960年至1995年是京都市交响乐团定期演奏会的场所。2012年3月开始改修，预计2015年完成。

细见美术馆

为展示大阪实业家细见家族三代收集的东洋古代艺术品而建造的美术馆，建筑毗邻冈崎公园，处于文化设施集中地带，内部包含咖啡厅、餐厅、屋顶庭院等空间。

青莲院

京都市东山区的天台宗寺院。本尊炽盛光如来，开基为行玄。天台宗京都五门迹之一，也称作“青莲院门迹”。内有宸殿前庭、右近之橘、左近之樱等景观。

知恩院

京都市东山区的寺院，净土宗总本山，山号“华顶山”。本尊是法然上人像及阿弥陀如来，开基为法然。三门依次为阿弥陀堂、势至堂和大方丈。

ote Zone

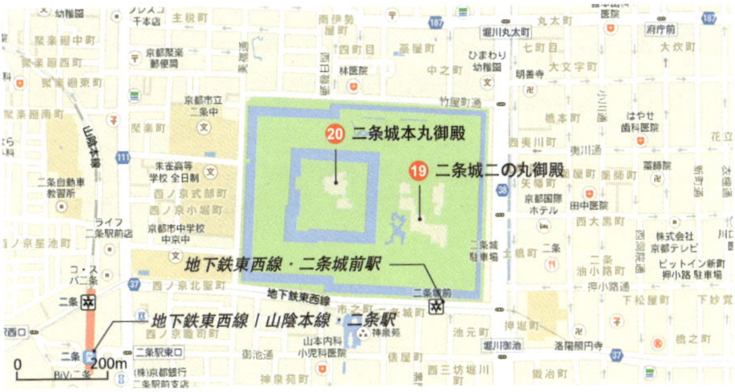

⑲ 二条城二丸御殿

二条城二の丸御殿

地址：京都市中京区二条城町二の丸御殿
类型：宗教建筑 / 书院
年代：1626
备注：http://www.city.kyoto.jp/bunshi/nijojo/ninomaru.html

⑳ 二条城本丸御殿

二条城本丸御殿

地址：京都市中京区二条城町本丸御殿
类型：宗教建筑 / 宫殿
年代：1847
备注：http://www.city.kyoto.jp/bunshi/nijojo/honmaru.html

㉑ 本法寺

本法寺

地址：京都市上京区本法寺前町617
类型：宗教建筑 / 寺院
年代：1436
备注：http://eishouzan.honpouji.nichiren-shu.jp/info/info.htm

二条城二丸御殿

建筑采用了唐门风格的装修，散发着深厚的盛唐文化气息，这在江户时代是最豪华气派的装修，是接见各地大名藩主和朝廷敕使等候征夷大将军的场所。

二条城本丸御殿

明治26～27年间，京都御苑的旧桂宫邸殿被移到了现在的本丸内，即现在的本丸御殿。规模与二丸御殿相匹敌，内部装饰有狩野派的壁画。

本法寺

本法寺坐落在日莲宗的本山叡昌山上。根据寺传记载，本法寺由日亲和尚创建于1436年，1587年丰臣秀吉下令将本法寺迁建至现在的位置。

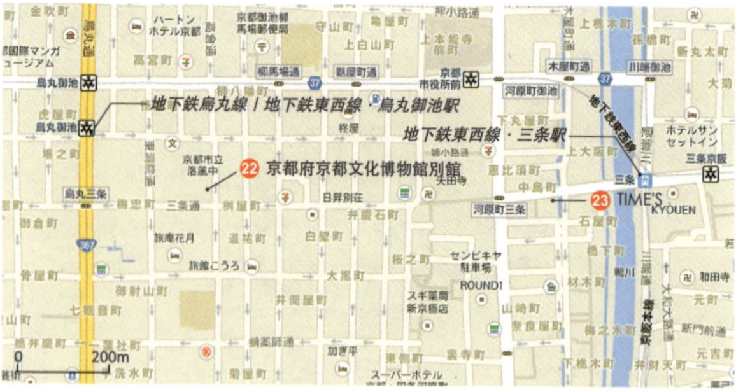

22 **京都府京都文化博物馆别馆**
京都府京都文化博物館別館

建筑师：辰野金吾
地址：京都市中京区東片町623-1
类型：文化建筑 / 博物馆
年代：1906
备注：http://www.bunpaku.or.jp/exhi_hall.html

23 TIME'S
TIME'S

建筑师：安藤忠雄
地址：京都市中京区中島町92
类型：商业建筑
年代：1984
面积：641 m^2
备注：无

24 **慈照寺（银阁寺）**
慈照寺（銀閣寺）

地址：京都市左京区銀閣寺町 2
类型：宗教建筑 / 寺院
年代：1490
备注：http://www.shokoku-ji.jp/g_about.html

Note Zon

京都府京都文化博物馆别馆

这是原1906年建造的日本银行京都办公处，1988年被转用做京都文化博物馆的别管。过去的营业室成了现在的大会厅，用来举办演奏会和演讲等。

TIME'S

分为一期和二期，一期建于 1984 年，二期建于 1991 年。建筑最有特点的地方是一楼的咖啡店，在闹市区营造了安静的亲水空间。

慈照寺（银阁寺）

属于代表东山文化的临济宗相国寺派，山号为东山。创立者为室町幕府第8代将军——足利义政，开山祖师是梦窗疏石。足利义政在寺内兴建了观音殿，被通称为“银阁”，因此，寺院被统称为“银阁寺”。

ote Zone

25 曼殊院
曼殊院

地址：京都市左京区一乗寺竹ノ内町 42
类型：宗教建筑 / 寺院
年代：1656
备注：http://www.manshuinmonzeki.jp/

26 修学院离宫
修学院離宮

地址：京都市左京区 修学院離宮
类型：宗教建筑 / 宫殿
年代：1659
备注：http://sankan.kunaicho.go.jp/guide/shugakuin.html (要预约)

27 瑠璃光院
瑠璃光院

地址：京都市左京区上高野東山 55
类型：宗教建筑 / 寺院
年代：明治时期
备注：http://rurikoin.komyoji.com/

曼殊院

该建筑是位于京都市左京区的天台宗寺院。本尊是阿弥陀如来。也被称做“竹之内御殿”、“竹之内门迹”，和青莲院、三千院、妙法院、毗沙门堂并称天台五门迹。

修学院离宫

这是位于京都市左京区比睿山麓的宫内厅所管的离宫。1653年至1655年根据后水尾上皇的指示所营造。与桂离宫、仙洞御所一起共同展现了王朝文化的美学。

瑠璃光院

琉璃光院占地不大，院内共有山露路之庭、琉璃之庭、卧龙之庭三个庭园。最著名的景色是从书院二楼望向琉璃之庭的红叶。

28 八坂神社本殿
八坂神社本殿

地址：京都市東山区祇園町北側 625
类型：宗教建筑 / 寺院
年代：1654
备注：http://www.yasaka-jinja.or.jp/

29 高台寺
高台寺

地址：京都市東山区下河原町 526
类型：宗教建筑 / 佛堂
年代：1606
备注：http://www.kodaiji.com/index.html

八坂神社本殿

位于京都市东山区的神社，是日本全国约三千座八坂神社的总本社，因位于祇园，爱称是“祇园桑”。从东南西北四个方向都可以进入神社内，樱门不会关闭，夜间也可以参拜。

高台寺

京都市东山区的临济宗建仁寺派的寺院。山号“鹫峰山”。这是丰臣秀吉的正室——北政所为了帮他祈求冥福而建的寺院。靈屋的堂内装饰了桃山样式的漆艺花纹。

30 清水寺
清水寺

地址：京都市東山区清水1丁目
类型：宗教建筑 / 寺院
年代：778
备注：http://www.kiyomizudera.or.jp/

31 京都国立博物馆 · 平常展示馆
京都国立博物館 · 平常展示館

建筑师：谷口吉生
地址：京都市東山区茶屋町527
类型：文化建筑 / 博物馆
年代：2014
面积：17590 m²
备注：无

32 京都国立博物馆
京都国立博物館

建筑师：片山东熊
地址：京都市東山区茶屋町527
类型：文化建筑 / 博物馆
年代：1895
备注：http://www.kyohaku.go.jp/jp/index_top.html

33 妙法院库里 · 大书院
妙法院庫裏 · 大書院

地址：京都市東山区妙法院前側町447
类型：宗教建筑 / 书院
年代：1619
备注：http://www5e.biglobe.ne.jp/~hidesan/myouhou-in.htm

34 智积院
智積院

地址：京都府京都市東山区東瓦町964
类型：宗教建筑 / 寺院
年代：1598
备注：http://www.chisan.or.jp/sohonzan/

35 莲华王院本堂(三十三间堂)
蓮華王院本堂（三十三間堂）

地址：京都市東山区三十三間堂廻り町657
类型：宗教建筑 / 佛堂
年代：1165
备注：http://sanjusangendo.jp/

ote Zone

水寺

都市东山区清水的寺，于778年前后由延镇人开始营造。清水寺山号为音羽山，主要奉千手观音，与鹿苑、岚山等同为京都境最著名的名胜古迹。

都国立博物馆·平常示馆

馆是京都国立博物馆组成部分。受限于狭的基地，为了满足博馆巨大的藏品数量，常展示馆大部分空间被埋在了地下。

都国立博物馆

本最重要的博物馆之。主要展示平安时代江户时代的京都文化术品，同时也进行文艺术品的研究、普及动。在通常的展览之，每年也进行2～3次别展览。

法院库里·大书院

库里”是僧人的住房，法院库里是丰臣秀吉履行祖先“千僧供养”建造的厨房；大书院从东福院的旧殿移筑来的，藏有“唐美人”华丽的金色壁画。

积院

都市东山区的寺院，言宗智山派总本山。号“五百佛山”。本为金刚界大日如来，立者为玄宥。院中保有大书院壁画等日本宝级文物。

华王院本堂（三十三堂）

都市东山区的天台宗法院境外佛堂。建筑正式名称是“莲华王本堂”。本尊为千手音，创立者为后白河皇。该建筑因正面开33间而得名。

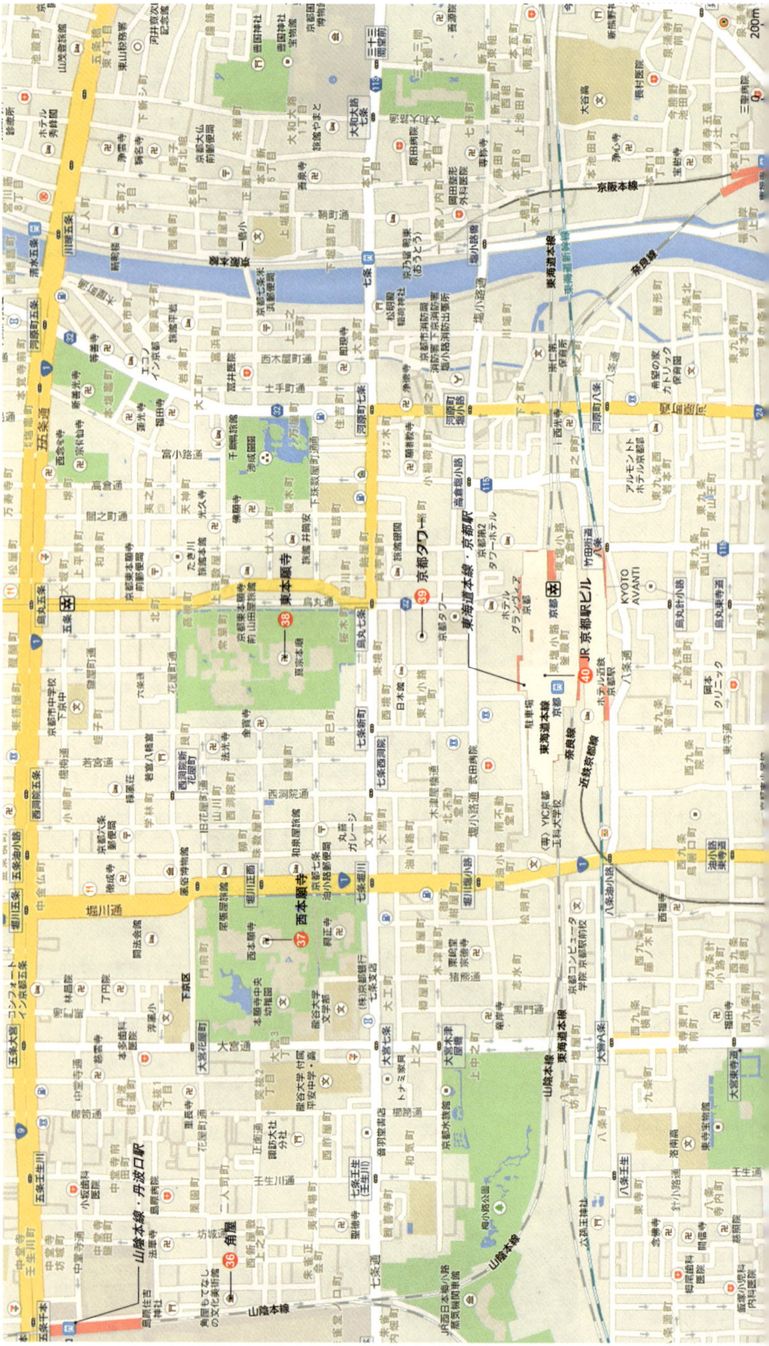
山陰本線・丹波口駅
36 角屋
37 西本願寺
38 東本願寺
39 京都タワー
東海道本線・京都駅
40 JR 京都駅ビル
200m

36 **角屋**
角屋

地址：京都市下京区西新屋敷揚屋町 32
类型：文化建筑 / 美术馆
年代：1641
备注：http://www16.ocn.ne.jp/~sumiyaho/page/art_museum.html

37 **西本愿寺**
西本願寺

地址：京都市下京区堀川花屋町下
类型：宗教建筑 / 寺院
年代：1591
备注：http://www.hongwanji.or.jp/

38 **东本愿寺**
東本願寺

地址：京都市下京区常葉町 754
类型：宗教建筑 / 寺院
年代：1602
备注：http://www.higashihonganji.or.jp/

39 **京都塔**
京都タワー

建筑师：山田守
地址：京都市下京区東塩小路町
类型：其他 / 展望台
年代：1964
面积：1308 m^2
备注：无

40 JR **京都车站**
JR 京都駅ビル 之

建筑师：原广司
地址：京都市下京区東塩小路町
类型：交通建筑 / 车站、商业综合设施
年代：1997
面积：235247 m^2
备注：http://www.kyoto-station-building.co.jp/index.htm

Note Zone

角屋

角屋是江户时代飨宴、招待等民间的文化场所。1952年被列为国家重要文化财产。现在被改用作美术馆，所藏包括国宝级的“红白梅图屏风”等。

西本愿寺

西本愿寺是净土真宗本愿寺派的本山，位于京都市下京区，正式名称为“龙谷山本愿寺”。1591年第11任门主显如得到丰臣秀吉支持，将本山迁至现址。

东本愿寺

净土真宗教派真宗大谷派的本山，建于 1602 年，正式名称为“真宗本庙”。由于新建的寺院位于本愿寺派本山东侧，当地人习惯称之为“东寺”，久之通称为东本愿寺。

京都塔

京都塔是位于日本京都市下京区的瞭望塔，与京都车站乌丸中央口隔街相望，是车站地区知名的地标之一，依靠熔接厚度介于12至22毫米之间的特殊钢板制作成的圆筒而建成。

JR 京都车站

这是集车站、商业、办公等多功能为一体的综合设施。中央大厅使用了4000片玻璃构成大屋顶，内部45米高处有空中走廊。在建筑内创造了谷形的内部都市空间。

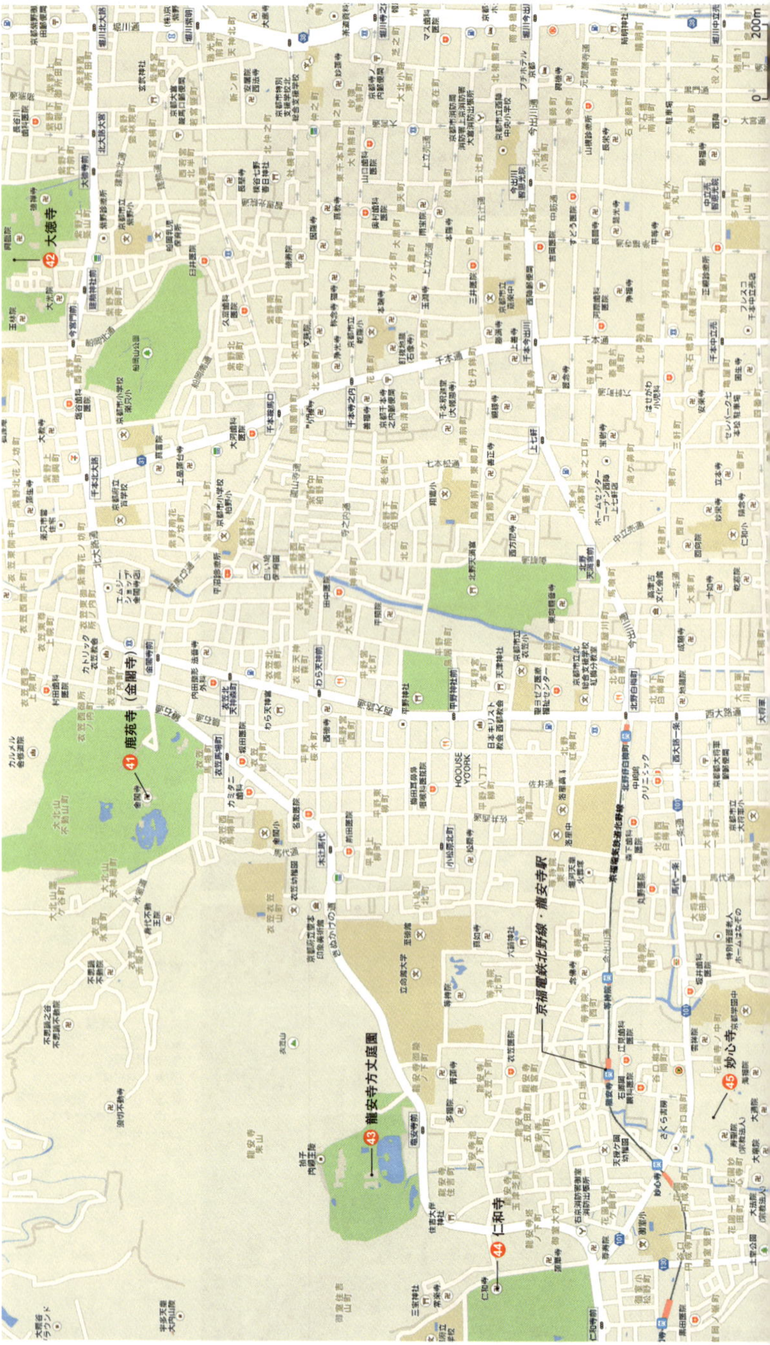
42 大徳寺
41 鹿苑寺（金閣寺）
43 龍安寺方丈庭園
44 仁和寺
45 妙心寺
京福電鉄北野線・龍安寺駅
0
200m

Note Zone

41 鹿苑寺（金阁寺）
鹿苑寺（金閣寺）

地址：京都市北区金閣寺町 1
类型：宗教建筑 / 寺院
年代：1397
备注：http://www.shokoku-ji.jp/k_about.html

鹿苑寺（金阁寺）

鹿苑寺是临济宗相国寺派的寺院，其名称源自于日本室町时代著名的足利氏第三代幕府将军足利义满的法名，又因为寺内核心建筑“舍利殿”的外墙全是以金箔装饰，所以又被昵称为“金阁寺”。

42 大德寺
大德寺

地址：京都市北区紫野大德寺町 53
类型：宗教建筑 / 寺院
年代：1325
备注：http://www.rinnou.net/cont_03/07daitoku/

大德寺

京都市北区的寺院，临济宗大德寺派大本山，山号“龙宝山”。本尊为释迦如来，开基是大灯国师宗峰妙超。大德寺历代名僧辈出，与茶道文化的渊源很深，是对日本文化影响很大的寺院。

43 龙安寺方丈庭园
龍安寺方丈庭園

地址：京都市右京区龍安寺御陵ノ下町 13
类型：宗教建筑 / 寺院
年代：1450
备注：http://www.ryoanji.jp/top.html

龙安寺方丈庭园

龙安寺御陵下町的庭园，又称石庭，是开间 30 米进深 10 米的矩形庭园。园内铺有白砂，15 块石头分为 5 组布置在园内。在 1797 年的大火灾中幸存下来，是保存较好的室町时代名园。

44 仁和寺
仁和寺

地址：京都市右京区御室大内 33
类型：宗教建筑 / 寺院
年代：888
备注：http://www.ninnaji.or.jp/

仁和寺

仁和寺是京都市右京区真言宗御室派总本山的寺院，山号是“大内山”，本尊为阿弥陀如来，开基是宇多天皇。该寺以美丽的樱花著称，属于桃山时代的建筑。除了屋顶由桧皮换成了瓦之外，建筑其余部分依然保持着原来的形式。

45 妙心寺
妙心寺

地址：京都市右京区花園妙心寺町 1
类型：宗教建筑 / 寺院
年代：1342
备注：http://www.myoshinji.or.jp/

妙心寺

这是位于京都市右京区的寺院，属于临济宗妙心寺派大本山。山号为“正法山”。以伽蓝为中心，周围建立起许多塔头寺院，形成一组大的寺院群，被京都市民称为“西之御所”。

Note Zone

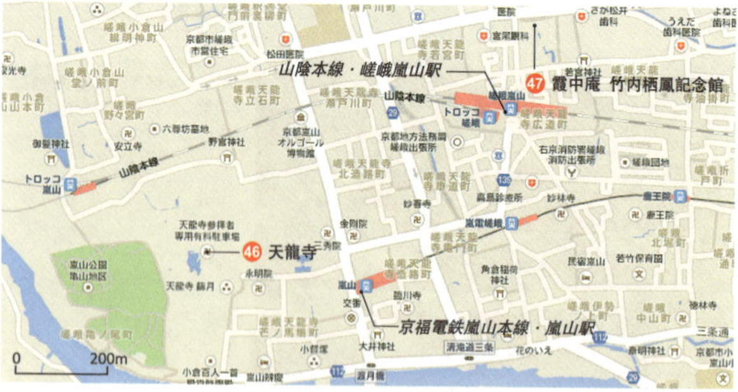

46 天龙寺
天龍寺

地址：京都市右京区嵯峨天龍寺芒ノ馬場町 68
类型：宗教建筑 / 寺院
年代：1345
备注：http://www.tenryuji.com/

天龙寺

这是位于京都市右京区的寺院，属于临济宗天龙寺派大本山的寺院，山号“灵龟山”。本尊为释迦如来，开基为足利尊氏，开山为梦窗疏石。当初该寺是足利尊氏为了抚慰后醍醐天皇的亡灵而营建的。

47 霞中庵・竹内栖凤纪念馆
霞中庵・竹内栖鳳記念館

建筑师：竹内栖凤
地址：京都市右京区嵯峨天竜寺若宮町 12
类型：文化建筑 / 美术馆
年代：1912
备注：http://homepage1.nifty.com/kyotosanpo/takeuti.html

霞中庵・竹内栖凤纪念馆

坐落在京都洛西嵯峨的美术馆，基地曾是大正时期日本画家竹内栖凤的别墅庭院。馆内收藏有以竹内的作品为主的多位京都画坛名家的作品，约一千幅。

48 大觉寺
大覚寺

地址：京都市右京区嵯峨大沢町 4
类型：宗教建筑 / 寺院
年代：876
备注：http://www.daikakuji.or.jp/

大觉寺

大觉寺是位于京都市右京区的寺院，真言宗大觉寺派大本山。山号“嵯峨山”。本尊是以不动明王为中心的五大明王，开基为嵯峨天皇。后宇多法皇在此执行院政，也与日本政治史关系深远。

Note Zone

49 松尾大社本殿
松尾大社本殿

地址：京都市西京区嵐山宫町 3
类型：宗教建筑 / 寺院
年代：1542
备注：http://www.matsunoo.or.jp/index-1/index.html

50 西芳寺
西芳寺

地址：京都市西京区松尾神ケ谷町 56
类型：宗教建筑 / 寺院
年代：729
备注：http://www.pref.kyoto.jp/isan/saihouji.html

松尾大社本殿

松尾大社是松尾山腰上的古神社，是古人将河流等神化后，在室町时代因崇拜酒神的信仰而建造的。平面特点是面宽3间、进深2间的主殿，母屋前后各伸出一间房屋。

西芳寺

西芳寺属日本临济宗天龙寺派。位于京都市西京区松尾神龍谷町，山号“洪隐山”，又称“苔寺”，本尊为阿弥陀如来。此寺原为圣德太子的别墅。

51 桂离宫
桂離宮

地址：京都市西京区桂御園1
类型：宗教建筑 / 宫殿、庭园
年代：江户时代初期
备注：http://sankan.kunaicho.go.jp/guide/katsura.html（要预约）

52 国际日本文化研究中心
国際日本文化研究センター

建筑师：内井昭藏
地址：京都市西京区御陵大枝山町3-2
类型：科教建筑 / 学校
年代：1994
面积：15695 m^2
备注：http://www.nichibun.ac.jp/en/

Note Zone

桂离宫

日本17世纪的庭园建筑群。位于京都市西京区。这里很早就是王朝赏月的胜地，1620～1624年，智仁亲王在此兴建别墅。1645年其子智忠亲王再次进行整修，是日本建筑和庭园巧妙结合的典型代表。

国际日本文化研究中心

以国际视野对日本文化进行综合性研究而设立的研究所，同时为世界范围内研究日本的学者提供研究信息和协助。因此研究中心将很多不同的功能及设备集合于一体。

Note Zone

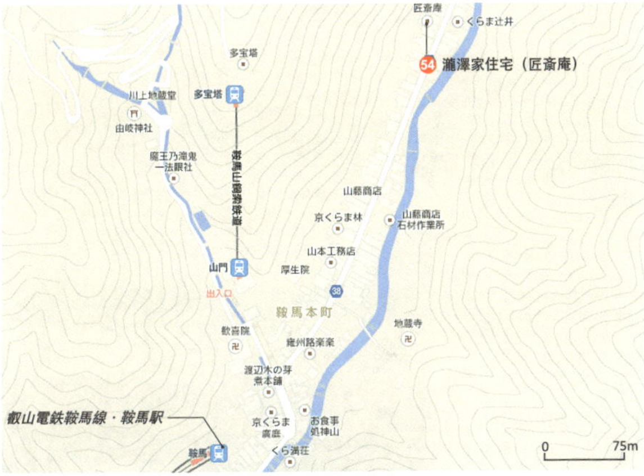

53 三千院
三千院

地址：京都市左京区大原来迎院町 540
类型：宗教建筑 / 寺院
年代：806
备注：http://www.sanzenin.or.jp/top.html

三千院

三千院是京都五大天台宗门迹寺院之一，其中的“聚碧园”和“有清园”与传统的城郭风厚重的形象不同，非常轻快优美。本堂往生极乐院建于1148年，由于佛像和建筑骨架不相称从而使用了舟底形的天井。

54 泷泽家住宅（匠斋庵）
瀧澤家住宅（匠斎庵）

地址：京都市左京区鞍马本町 445 匠斋庵
类型：居住建筑 / 住宅
年代：1760
备注：无

泷泽家住宅（匠斋庵）

鞍马寺门前的住宅，主屋面朝南，正面是格子窗，面宽四间半，其中西侧两间可以通向庭园。二层外侧有两间屋子，是江户后期标准的京都町家样式。

55 中川照片展览馆
ナカガワフォトギャラリー

建筑师：村上徹
地址：京都市北区小山中溝町14
类型：文化建筑 / 展馆
年代：1993
面积：208 m^2
备注：http://www.joy.hi-ho.ne.jp/kyoto-npg/

56 上贺茂神社
上賀茂神社

地址：京都市北区上賀茂本山 339
类型：宗教建筑 / 寺院
年代：678
备注：http://www.kamigamojinja.jp/

57 井关家住宅
井關家住宅

地址：京都市北区上賀茂北大路町 1
类型：居住建筑 / 住宅
年代：江户时代后期
备注：无

Note Zon

中川照片展览馆

该建筑是展示摄影历史的展厅，展示了摄影从出现到现在的各阶段特点以及摄影发展史的体系全貌，其中包含每个时代的著名摄影作品以及同时代的照相机。

上贺茂神社

位于京都市北区的神社，与下鸭神社一起，是为了祭祀古代氏族贺茂氏的氏神而营造的，它也是联合国教科文组织所登记的世界文化遗产之一。

井关家住宅

这是上贺茂神社的社家宅邸。主屋由正面鸟居形的内玄关和式台组成，是江户时代后期的建筑样式。中央三层望楼风格的建筑是明治后期增建的。

ote Zone

国立京都国际会馆

日本主要国际会议设施之一，是建筑师大谷幸夫的代表作。在1966年作为日本最初的国立会议设施而被建造，会馆包含主体建筑、议事厅和住宿部分。

京都府立陶板名画庭

这是世界上第一个以回廊庭园方式再现名画造型和色彩的陶板画庭园。这在根本上与日本传统的庭园有所不同，强调了动线和错综复杂的立体效果。

58 国立京都国际会馆
国立京都国際会館

建筑师：大谷幸夫
地址：京都市左京区宝ケ池
类型：文化建筑 / 会场、展示设施、旅馆
年代：1966
面积：27885 m²
备注：http://www.icckyoto.or.jp/

59 京都府立陶板名画庭
京都府立陶板名画庭

建筑师：安藤忠雄
地址：京都市左京区下鴨半木町
类型：文化建筑 / 展示设施
年代：1994
面积：212 m²
备注：http://toban-meiga.seesaa.net/

60 **高山寺石水院**
高山寺石水院

地址：京都市右京区梅ケ畑栂尾町 8
类型：宗教建筑 / 寺院
年代：1206
备注：http://www.kosanji.com/

61 **东福寺**
東福寺

地址：京都市東山区本町 15-778
类型：宗教建筑 / 寺院
年代：1236
备注：http://www.tofukuji.jp/index2.html

62 **泉涌寺**
泉涌寺

地址：京都市東山区泉涌寺山内町 27
类型：宗教建筑 / 寺院
年代：856
备注：http://www.mitera.org/

Note Zon

高山寺石水院

高山寺是在战火中幸存的建筑物，又称“五所堂”，传说是1224年从后鸟羽上皇的茂贺别院移筑而来。原来的位置是在金堂的右后方，1889年移至现在的位置。

东福寺

京都市东山区本町的寺院，临济宗东福寺派大本山，山号为“慧日山”。本尊为释迦如来，开基是九条道家，开山为圣一国师圆尔，在京都五山中位居第四位。

泉涌寺

京都市东山区的寺院，真言宗泉涌寺派总本山。山号为“东山”或“泉山”。本尊是释迦如来、阿弥陀如来、弥勒如来之三世佛，开基为月轮大师——俊芿。

ote Zone

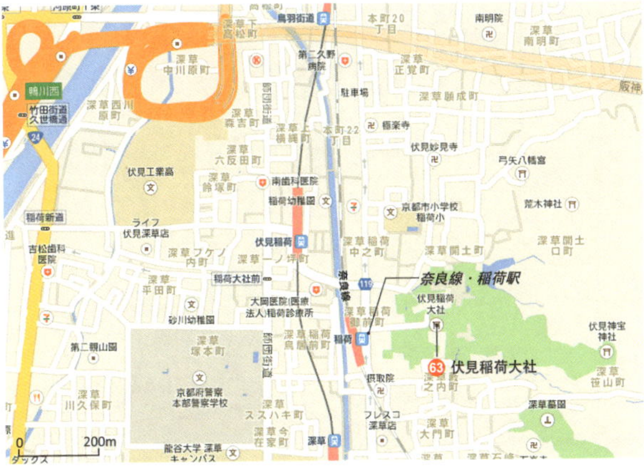

63 伏见稲荷大社
伏見稲荷大社

地址：京都市伏見区深草藪之内町 68
类型：宗教建筑 / 寺院
年代：和銅年間（708 年～715 年）
备注：http://inari.jp/

64 法界寺
法界寺

地址：京都市伏見区日野西大道町 19
类型：宗教建筑 / 寺院
年代：1051
备注：http://www5e.biglobe.ne.jp/~hidesan/hokai-ji.htm

伏见稲荷大社

伏见稲荷大社是位于京都市伏见区内的神社，是遍及日本全国各地约四万多所的稲荷神社的总本山，以日本境内所拥有的“千本鸟居”而闻名。

法界寺

真言宗醍醐派别格本山的寺院，山号为“东光山”，本尊是药师如来，创始人为传教大师最澄。法界寺是藤原家族日野家的氏寺，因保存有国宝阿弥陀堂和阿弥陀如来像而知名。

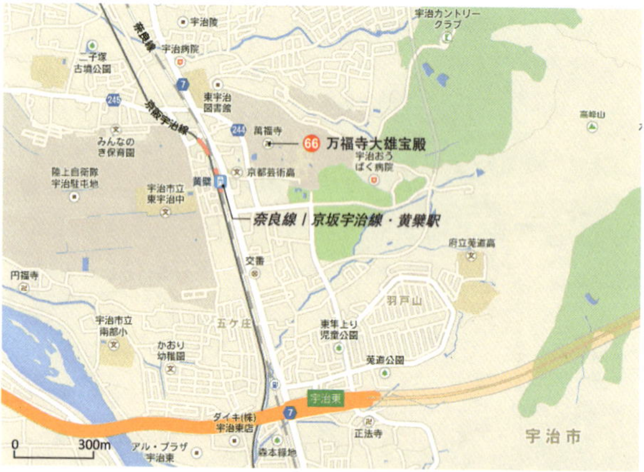

65 醍醐寺
醍醐寺

地址：京都市伏見区醍醐東大路町 22
类型：宗教建筑 / 寺院
年代：874
备注：http://www.daigoji.or.jp/

66 万福寺大雄宝殿
万福寺大雄宝殿

地址：宇治市五ケ庄三番割 34
类型：宗教建筑 / 寺院
年代：1661
备注：http://www.obakusan.or.jp/

醍醐寺

该寺是真言宗醍醐派总本山寺院，山号“醍醐山”。本尊是药师如来，开基为理源大师圣宝。它作为“古都京都的文化财”之一被列入世界遗产名录当中。因丰臣秀吉把这里作为举行“醍醐花见”之地而被广为人知。

万福寺大雄宝殿

京都府宇治市的寺院，大雄宝殿侧面悬挂着黄檗宗寺院必有的木鱼（本殿的鱼是青铜制），建筑样式是从基本的禅宗样式演化而来的“黄檗样式”。

ote Zone

67 平等院宝物馆 · 凤翔馆
平等院宝物館 · 鳳翔館

建筑师：栗生明
地址：宇治市宇治蓮華 116
类型：文化建筑 / 美术馆
年代：2001
面积：2297 m^2
备注：http://www.byodoin.or.jp/tanbou-in-muesium.html

68 平等院凤凰堂
平等院鳳凰堂

地址：宇治市宇治蓮華 116
类型：宗教建筑 / 寺院
年代：1052
备注：http://www.byodoin.or.jp/

69 宇治上神社
宇治上神社

地址：宇治市宇治山田 59
类型：宗教建筑 / 寺院
年代：不详
备注：无

平等院宝物馆 · 凤翔馆

该建筑是建筑师栗生明的代表作，获得过日本艺术院奖和日本建筑学会作品选奖，建筑大部分被埋在地下，由形体上的断口进入后可以看到悬挑屋顶形成的灰空间。

平等院凤凰堂

平等院凤凰堂位于日本京都府宇治市，沿着宇治河兴建，是日本早期的木构建筑，据说是古代日本人对西方极乐世界的极致具体实现。

宇治上神社

京都府宇治市的神社，是世界文化遗产“古都京都的文化财”的组成部分之一。本殿是在平安时代后期建造的，是现存最古老的神社建筑。

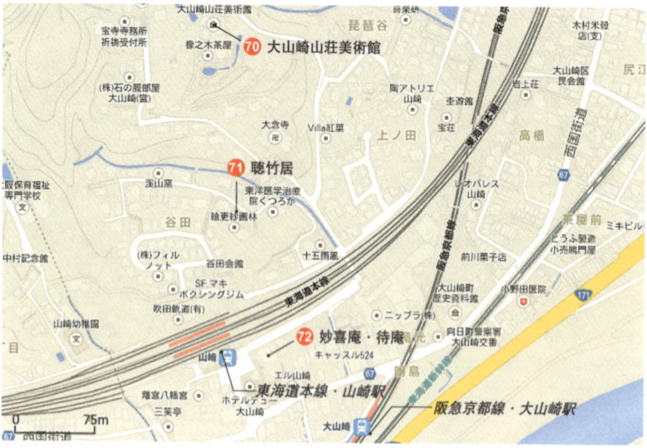

70 **大山崎山庄美术馆**
大山崎山荘美術館

建筑师：安藤忠雄
地址：乙訓郡大山崎町字大山崎小字銭原 5-3
类型：文化建筑 / 美术馆
年代：1995
面积：272 m^2
备注：http://www.asahibeer-oyamazaki.com/index.html

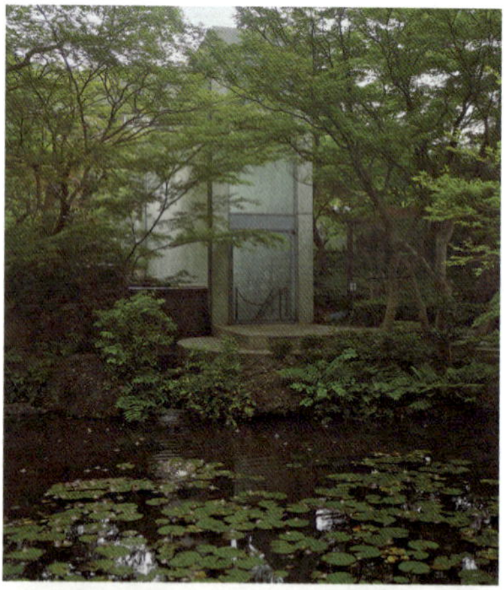

71 **听竹居**
聴竹居

建筑师：藤井厚二
地址：乙訓郡大山崎町谷田
类型：居住建筑 / 住宅
年代：1928
备注：http://www.chochikukyo.com/index.html（要预约）

72 **妙喜庵·待庵**
妙喜庵·待庵

地址：乙訓郡大山崎町字大山崎小字竜光 56
类型：宗教建筑 / 茶室
年代：1501
备注：http://www.eonet.ne.jp/~myoukian-no2/index.html（要预约）

Note Zon

大山崎山庄美术馆

美术馆原为昭和时代实业家——加贺正太郎的故居，他难忘旅英时在温莎堡眺望泰晤士河的美好风景，返日后在大山崎亲手建造了这座住宅，并修建了日式庭院。

听竹居

该建筑是昭和时代活跃的建筑师藤井厚二的作品，以环境共生为原点设计，是日本近代建筑二十选的入选作品。建筑结构设计和施工非常精致，在阪神地震中得以幸存。

听竹居·平面图

妙喜庵·待庵

妙喜庵建于15世纪，是由“书院”、“佛殿”构成的一座寺院。待庵在寺院内，建于16世纪末期，是由丰臣秀吉令千利休建造的。

JR 京都车站 · 原广司

27

大阪府 Osaka-fu

22 · 大阪府

建筑 数量 -33

01 关西国际机场 / 伦佐 · 皮亚诺
02 朝日生命大楼 / 竹中工务店
03 大阪瓦斯大楼 / 安井武雄
04 难波公园 / 美国捷得国际建筑师事务所
05 日本工艺馆 / 浦边镇太郎
06 大阪新歌舞伎剧场 / 村野藤吾
07 国立文乐剧场 / 黑川纪章
08 大阪 D-HOTEL / 竹山圣
09 优衣库心斋桥店 / 藤本壮介
10 LVMH 大阪 / 隈研吾
11 大大丸心斋桥店本馆 / William Merrell Vories
12 大丸心斋桥店北馆 / 竹中工务店
13 大阪有机大楼 / Gaetano Pesce
14 NHK 大阪放送会馆 · 大阪历史博物馆 / 西萨 · 佩里
15 大阪富国生命大楼 / Dominique Perrault
16 新梅田城市 · 梅田摩天大楼 / 原广司
17 富岛邸 · 大淀工作室 / 安藤忠雄
18 白色教堂 / 青木淳
19 K2 大楼 / 筱原一男
20 国立国际美术馆 / 西萨 · 佩里
21 大阪府立近飞鸟博物馆 / 安藤忠雄
22 大阪艺术大学 · 塚本英世纪念馆 / 高桥靗一
23 住吉的长屋 / 安藤忠雄
24 南大阪教堂 / 村野藤吾
25 三得利美术馆 · 大阪 / 安藤忠雄
26 大阪府立狭山池博物馆 / 安藤忠雄
27 司马辽太郎纪念馆 / 安藤忠雄
28 未来型实验集合住宅 NEXT21 / 内田祥哉 + 大阪 GAS NEXT21 建设委员会
29 大阪府立北野高等学校六稜会馆 / 竹山圣
30 箕面观光酒店 / 西泽文隆 + 坂仓准三
31 大阪万博公园
32 国立民族学博物馆 / 黑川纪章
33 光的教堂 / 安藤忠雄

池田市
箕面
30
33
茨木
富田
31-32
北千里
阪大病院前
山田
阪急宝塚線
吹田市
伊丹市
豊中市
枚方市
寝屋川市
摂津市
守口市
門真市
四條畷市
大東市
東淀川区
淀川区
29
尼崎市
東海道本線
名神高速道路
15-17
20
北区
都島区
19
鶴見区
14
城東区
福島区
西淀川区
02-03
中央区
28
04
西区
此花区
25
04-13
浪速区
港区
東成区
東大阪市
地下鉄中央線
近鉄奈良線
27
生野区
24
天王寺
大正区
西成区
阿倍野区
大阪府
東住吉区
平野区
18
住之江区
23
住吉区
松原市
柏原市
羽曳野市
八尾市
近鉄信貴線
堺市
北区
西区
東区
中区
美原区
南海高野線
近鉄長野線
高石市
南海本線
26
大阪狭山市
22
21
富田林市
南区
南河内郡
和泉市
岸和田市
泉大津市

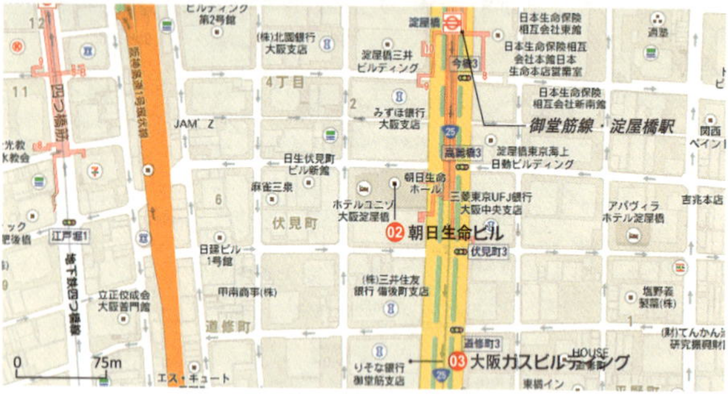

01 **关西国际机场**
关西国際空港

建筑师：伦佐・皮亚诺
地址：大阪府泉佐野市泉州空港北1
类型：交通建筑 / 机场
年代：1994
备注：http://www.kansai-airport.or.jp/index.asp

02 **朝日生命大楼**
朝日生命ビル

建筑师：竹中工务店
地址：大阪市中央区高麗橋4-2-16
类型：办公建筑 / 办公楼
年代：1962
面积：20515 m²
备注：无

03 **大阪瓦斯大楼**
大阪ガスビルディング

建筑师：安井武雄
地址：大阪市中央区平野町4-1-2
类型：办公建筑 / 办公楼
年代：1933
面积：18422 m²
备注：无

Note Zon

关西国际机场

关西地区的第一大机场，由于土地资源稀缺，所以该机场坐落在人工岛上。在建造时，要考虑包括地震、危险气旋、不稳定海床等诸多因素，同时要通过电脑监测人工岛的沉降，所以每年的维护费用很高。

朝日生命大楼

这是朝日生命保险公司的总部办公大楼，外观是金属灰色。8层有一个368座席的“朝日生命大厅”。2010年一层空间开设了一家KOHYO超市。

大阪瓦斯大楼

大阪瓦斯公司的本社，建筑样式是当时最新的摩登样式，竣工时有事务所、陈列馆、讲演厅、美容厅和食堂等多种功能空间。直到现在食堂部分还保留着当年的氛围，继续对外营业。

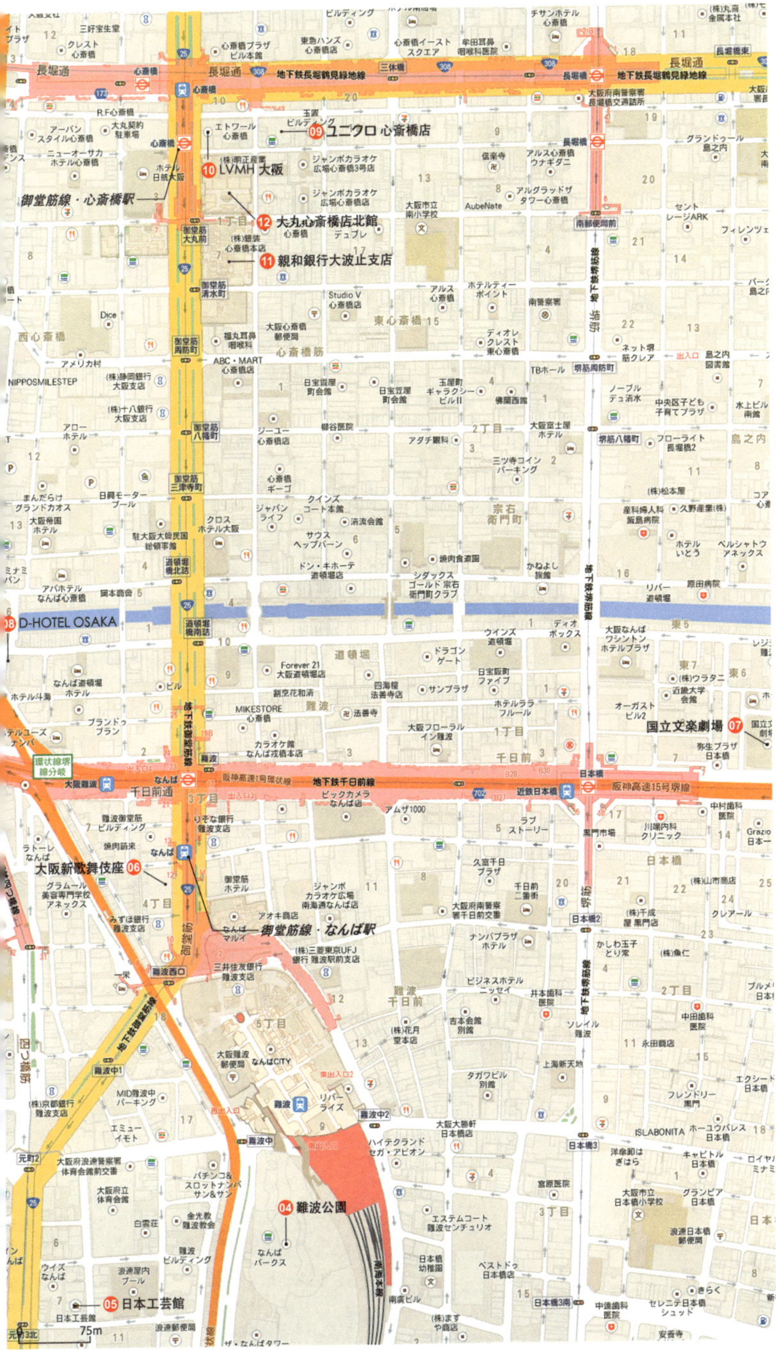
09 ユニクロ 心斎橋店
10 LVMH 大阪
12 大丸心斎橋店北館
11 親和銀行大波止支店
御堂筋線・心斎橋駅
08 D-HOTEL OSAKA
07 国立文楽劇場
06 大阪新歌舞伎座
御堂筋線・なんば駅
04 難波公園
05 日本工芸館
長堀通
地下鉄長堀鶴見緑地線
心斎橋
長堀橋
三休橋
千日前通
地下鉄千日前線
阪神高速15号堺線
なんば
日本橋
近鉄日本橋
大阪難波
難波
地下鉄御堂筋線
地下鉄堺筋線
堺筋
南海本線
環状線堺線分岐
東心斎橋
西心斎橋
心斎橋筋
宗右衛門町
道頓堀
難波千日前
日本橋
四つ橋筋
なんばCITY
なんばパークス
75m

04 难波公园
難波公園

建筑师：美国捷得国际建筑师事务所
地址：大阪市浪速区難波中2-10-70
类型：商业建筑
年代：2003
面积：51800 m^2
备注：无

05 日本工艺馆
日本工芸館

建筑师：浦边镇太郎
地址：大阪市浪速区難波中3-7-6
类型：文化建筑 / 展览馆
年代：1960
备注：http://www.nihon-kogeikan.or.jp/

06 大阪新歌舞伎剧场
大阪新歌舞伎座

建筑师：村野藤吾
地址：大阪市中央区難波4-3-25
类型：观演建筑 / 剧场
年代：1958
面积：11088 m^2
备注：http://www.shinkabukiza.co.jp/

07 国立文乐剧场
国立文楽劇場

建筑师：黑川纪章
地址：大阪市中央区日本橋1-12-10
类型：观演建筑 / 剧场
年代：1984
面积：13211 m^2
备注：http://www.ntj.jac.go.jp/bunraku.html

Note Zone

难波公园

公园其实是一座综合性的购物商场兼办公楼，设计巧妙地将一座森林栽种于现代的购物中心里，融合了大自然和现代的商业活动，使冰冷的商业行为充满了绿意。

日本工艺馆

位于大阪市浪速区，以保存和普及传统民艺品为目的博物馆。主要展示当今世界评价较高的日本本土传统民间工艺品，兼顾无形的民间技艺的保存与传承。

大阪新歌舞伎剧场

建筑位于大阪御堂筋，是作为大阪歌舞伎座的后继剧场而使用的建筑。有三层观众席，可容纳1638人，建筑以“观光剧场”为理念建造，因此内部装潢十分豪华。

国立文乐剧场

该建筑位于大阪市中央区，由独立行政法人日本艺术文化振兴会负责运营，作为第四个国立剧场在1984年开馆，由大、小两个剧场和展示室构成。

Note Zone

08 大阪 D-HOTEL
D-HOTEL OSAKA

建筑师：竹山圣
地址：大阪市中央区道頓堀2-5-15
类型：商业建筑 / 旅馆
年代：1989
面积：942 m^2
备注：无

09 优衣库心斋桥店
ユニクロ心斎橋店

建筑师：藤本壮介
地址：大阪市中央区心斎橋筋1-2-17
类型：商业建筑 / 店铺
年代：2010
备注：无

10 LVMH 大阪
LVMH 大阪

建筑师：隈研吾
地址：大阪市中央区心斎橋筋1-9-17
类型：商业建筑 / 店铺
年代：2004
备注：无

11 大丸心斋桥店本馆
大丸心斎橋店本館

建筑师：William Merrell Vories
地址：大阪市中央区心斎橋筋1-7-1
类型：商业建筑
年代：1922
备注：无

12 大丸心斋桥店北馆
大丸心斎橋店北館

建筑师：竹中工务店
地址：大阪市中央区心斎橋筋1-7-1
类型：商业建筑
年代：2009
备注：无

大阪 D-HOTEL

这是在6米×35米的狭小基地内建造的旅馆。为了抵挡从海面吹来的西风，外壁十分厚重。其中一层的街头画廊和八层的酒吧是公共部分。现在改名为 Continent Vijoux 旅馆。

尤衣库心斋桥店

这是继纽约、伦敦、巴黎和上海之后世界第五大优衣库旗舰店。从一层到四层设置了日本国内最先出现的悬吊广告模特，可以在中庭内上下移动。

LVMH 大阪

大阪心斋桥筋的路易威登店铺。外墙使用了玻璃夹4毫米厚“绿玛瑙”大理石板的构成方式，大理石板的表面雕以花纹，夜晚可以映出内部的光线。

大丸心斋桥店本馆

建筑位于大阪购物街的中心地带，是日本最大零售商之一——大丸公司的主营店铺，建筑外观具有近代的装饰艺术风格，主入口大门上的装饰图案里有创业初期公司使用的“大”字图章。

大丸心斋桥店北馆

该建筑得到刚刚实施的日本都市再生特别措施法的支持，在受到容积率缓和以及斜线缓和的影响下，实现了商业机能的高度化。在建筑上部设置了大厅作为公共设施，创造出了心斋桥地区的新文化传播据点。

13 大阪有机大楼
オーガニックビルディング大阪

建筑师：Gaetano Pesce
地址：大阪市中央区南船場 4-7-21
类型：办公建筑 / 办公楼
年代：1993
面积：7052 m²
备注：无

14 NHK 大阪放送会馆・大阪历史博物馆
NHK 大阪放送会館・大阪歴史博物館

建筑师：西萨・佩里
地址：大阪市中央区大手前 4-1-32
类型：文化建筑 / 电视台、博物馆
年代：2001
面积：90026 m²
备注：http://www.nhk.or.jp/osaka/station_info/kaikan/

大阪有机大楼

建筑位于大阪南船场一带，132个红色的单元块状外墙上伸出弯管形的植物花盆，里面种植着不同的植物。建筑的寓意大于实际意义，即提醒人们时刻不忘环保。

NHK 大阪放送会馆・大阪历史博物馆

这是取代渡边仁设计的旧会馆而建造的新馆。是"难波宫遗迹与大阪城公园连续一体化构想"的一部分，与旧会馆一起承担着放送和资料收藏、展示的功能。

15 大阪富国生命大楼
大阪富国生命ビル

建筑师：Dominique Perrault
地址：大阪市北区小松原町2-4
类型：商业建筑 / 办公楼
年代：2010
面积：68491m2
备注：无

16 新梅田城市 · 梅田摩天大楼
新梅田シティ · 梅田スカイビル

建筑师：原广司
地址：大阪市北区大淀中 1-88
类型：办公建筑 / 办公楼
年代：1993
面积：216308 m2
备注：http://www.skybldg.co.jp/

17 富岛邸 · 大淀工作室
富島邸 · 大淀のアトリエ - アネックス

建筑师：安藤忠雄
地址：大阪市北区豊崎 2-5-25
类型：办公建筑 / 办公楼
年代：1973
面积：451 m2
备注：无

lote Zone

大阪富国生命大楼

这是考虑到耐震问题取代旧富国生命大楼的新馆。低层部分是商业、金融和学校，高层部分是开敞的复合办公空间。得益于新的《大阪都市再生特别地区制度》，建筑得以立体化，与周边既有建筑相互贯通、融为一体。

新梅田城市 · 梅田摩天大楼

是大阪市北区新梅田城内的摩天大楼。地上40层楼、地下2层，高度约为173米。两个主要建筑部分被屋顶的环形空间连接到一起，那里是屋顶观光平台，配有休闲娱乐设施。由于独特的建筑外型，已成为大阪地区的地标和观光胜地之一。

富岛邸 · 大淀工作室

这是安藤忠雄1973年的处女座，后来他亲自购买并经过改建，成为自己的建筑工作室。1995年在小路对面建造了别馆。安藤自己的位置就在中间通高的中庭下面，可以随时进行面对面的交流。

Note Zone

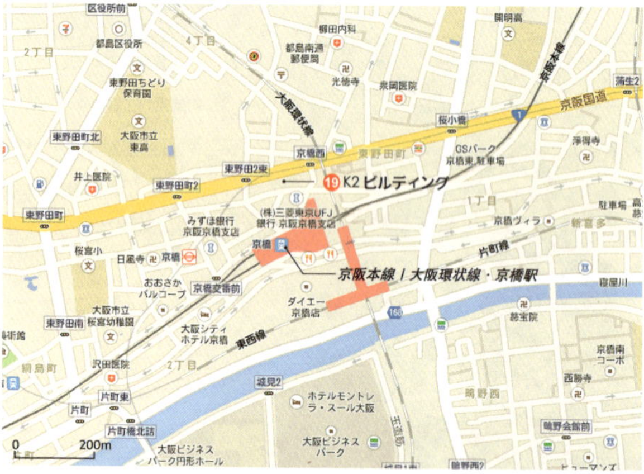

18 白色教堂
白い教会

建筑师：青木淳
地址：大阪市住之江区南港北1-13-11
类型：宗教建筑 / 教堂
年代：2006
面积：262 m^2
备注：无

19 K2 大楼
K2 ビルディング

建筑师：筱原一男
地址：大阪市都島区東野田町 2-9
类型：商业建筑 / 店铺
年代：1990
面积：9913 m^2
备注：无

白色教堂

这是为举行结婚典礼设计的容纳80人的小教堂。是由直径60厘米、厚25毫米的圆环钢材形成的立体组合构造，圆环钢材互相熔接在一起，形成了占据大部分空隙的立体格子，不仅支撑屋顶，也支撑了外面的玻璃重量。

K2 大楼

由半透明和透明玻璃组成的玻璃幕墙后是巨大的铝锌合金板耐震壁，建筑沿着道路的曲线缓缓地弯曲，面对国道一号线的沿街立面则是不同性格的阳台，中间设有造型奇特的中庭空间。

Note Zone

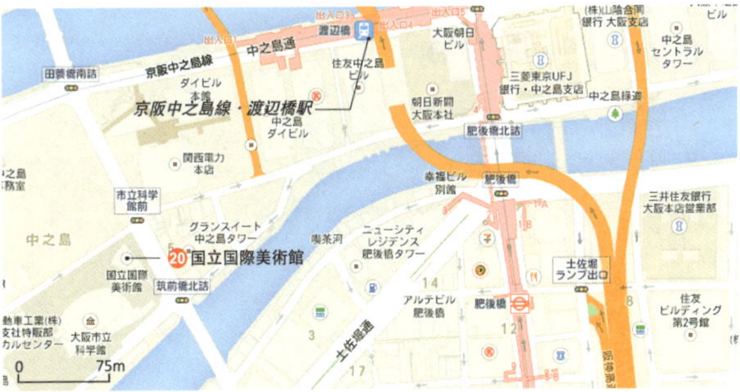

20 国立国际美术馆
国立国際美術館

建筑师：西萨・佩里
地址：大阪市北区中之島 4-2-55
类型：文化建筑 / 美术馆
年代：2004
面积：13500 m^2
备注：http://www.nmao.go.jp/

21 大阪艺术大学·塚本英世纪念馆
大阪芸術大学·塚本英世記念館

建筑师：高桥靗一
地址：大阪府南河内郡河南町東山 469
类型：科教建筑 / 大学
年代：1981
面积：14324 m^2
备注：http://www.osaka-geidai.ac.jp/index.html

22 大阪府立近飞鸟博物馆
大阪府立近つ飛鳥博物館

建筑师：安藤忠雄
地址：大阪府南河内郡河南町東山 299
类型：文化建筑 / 博物馆
年代：1994
面积：5925 m^2
备注：http://www.chikatsu-asuka.jp/

国立国际美术馆

作为国家级美术馆，国立国际美术馆肩负着日本政府的文化事务代理的使命，也向普通游客开放。馆内以当代艺术为主，也有日本本土的代表性艺术品。

大阪艺术大学·塚本英世纪念馆

建造当初使用现浇混凝土营造出高度艺术性的外观，从建成到现在30多年的时光检验了密实精良的混凝土振捣技术，几乎没有经过费力的维护，还仍然保持着刚建成的样子。

大阪府立近飞鸟博物馆

坐落在大阪府立飞鸟风土记之丘上的人文科学系博物馆，也是日本陵墓、古坟宝库“近飞鸟”地区的中心文化设施，馆内的主要展品是日本古代国际交流与国家的形成过程。

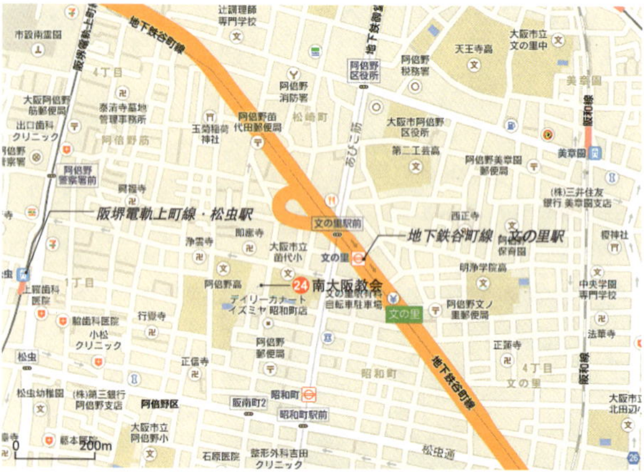

Note Zone

23 住吉的长屋

住吉の長屋

建筑师：安藤忠雄
地址：大阪市住吉区住吉 2-13
类型：居住建筑 / 住宅
年代：1976
面积：64 m²
备注：无

24 南大阪教堂

南大阪教会

建筑师：村野藤吾
地址：大阪市阿倍野区阪南町 1-30-5
类型：宗教建筑 / 教堂
年代：1928
面积：3578 m²
备注：http://www.h5.dion.ne.jp/~mochurch/

住吉的长屋

这是一栋坐落在大阪市住吉区的两层私人住宅建筑，是知名日本建筑师安藤忠雄最早期的作品之一。由于该住宅的业主姓“东”，因此又常被称为“东邸”。住宅体现了“内向型都市住宅”这一概念。

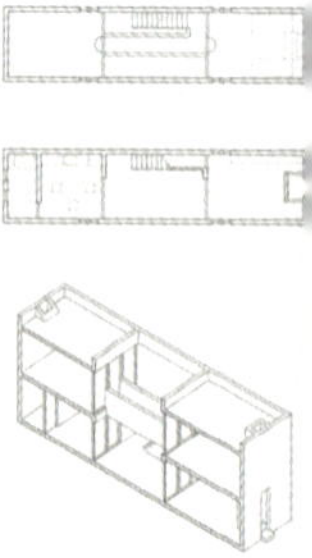

住吉的长屋·平面图、轴测图

南大阪教堂

该教堂为南大阪教会在1926年设立，两年后在现在所在地建造了建筑，三年后，为了当地儿童的教育建立了幼儿园。2007年设立了新会堂，并设置了开放的咖啡馆。

Note Zone

三得利美术馆・大阪

为纪念桑德利公司创业90周年建造的美术馆。东京的桑德利美术馆收集了日本古代的美术、工艺品，与此相对，馆内还存放着如莫奈、劳德雷克等世界著名艺术家的作品。

大阪府立狭山池博物馆

为保存有1400年历史的日本最早的蓄水池——狭山池而建造的博物馆，也是一座展示日本土地开发史的专题博物馆。主要馆藏为巨大的古代人工大坝遗迹。该建筑中大量使用了水的元素。

25 三得利美术馆・大阪
サントリーミュージアム・大阪

建筑师：安藤忠雄
地址：大阪市港区海岸通 1-5-10
类型：文化建筑 / 美术馆
年代：1994
面积：13804 m^2
备注：http://www.suntory.co.jp/culture/smt/

26 大阪府立狭山池博物馆
大阪府立狭山池博物館

建筑师：安藤忠雄
地址：大阪府狭山市池尻中 2 丁目
类型：文化建筑 / 博物馆
年代：2001
面积：4948 m^2
备注：http://www.sayamaikehaku.osakasayama.osaka.jp/

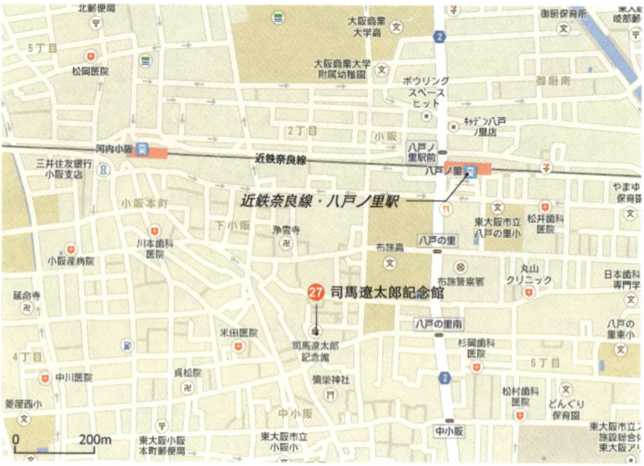

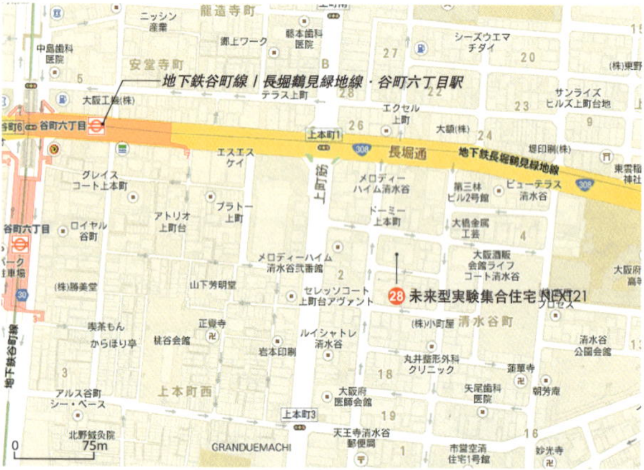

27 司马辽太郎纪念馆
司馬遼太郎記念館

建筑师：安藤忠雄
地址：大阪府東大阪市下小阪 3-11-18
类型：文化建筑 / 博物馆
年代：2001
面积：1000 m²
备注：http://www.shibazaidan.or.jp/index.html

28 未来型实验集合住宅 NEXT21
未来型実験集合住宅 NEXT21

建筑师：内田祥哉 + 大阪 GAS NEXT21 建设委员会
地址：大阪市天王寺区清水谷町 6-16
类型：居住建筑 / 集合住宅
年代：1993
面积：4577 m²
备注：无

司马辽太郎纪念馆

这是在大阪原司马辽太郎自宅用地内建造的博物馆，用来纪念司马辽太郎的生平，收藏了他大量的藏书、资料和晚年使用的书斋。庭园是按照司马辽太郎生前喜爱的杂木林的形象设计的。

未来型实验集合住宅 NEXT21

这是作为“未来都市居住实验”计划，为研究环境能耗及家庭实际居住情况而建造的实验性集合住宅。住宅建成至今已进行过三次居住实验活动。

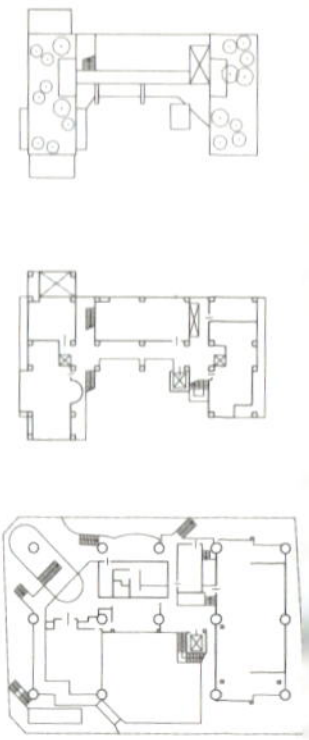

未来型实验集合住宅 NEXT21・平面图

Remote Zone

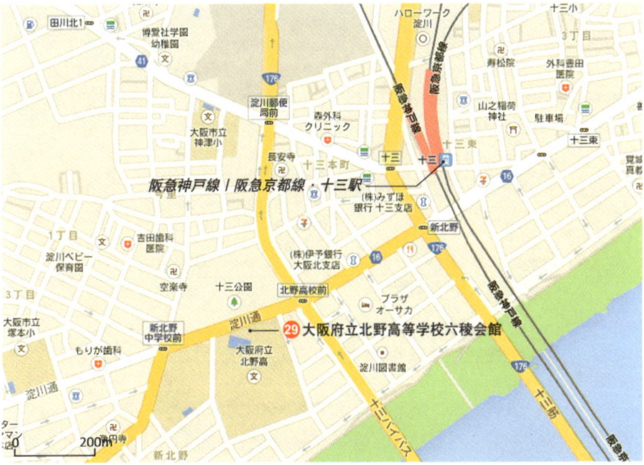

29 大阪府立北野高等学校六稜会馆
大阪府立北野高等学校六稜会館

建筑师：竹山圣
地址：大阪市淀川区新北野2-5-13
类型：科教建筑 / 会馆
年代：2002
面积：1707 m²
备注：http://www.rikuryo.or.jp/hall/info.html

30 箕面观光酒店
箕面観光ホテル

建筑师：西泽文隆+坂仓准三
地址：大阪府箕面市温泉町1-1
类型：商业建筑 / 旅馆
年代：1970
面积：30063 m²
备注：无

大阪府立北野高等学校六稜会馆

建筑主体下部用钢筋混凝土建造出1/8球面的弧线造型，体现了高超的钢结构制作工艺和施工技术，建筑的设计者竹山圣就出身于北野高等学校。

箕面观光酒店

建造在倾斜的坡地上的旅馆建筑，使用了当时流行的现代主义手法，钢筋混凝土框架结构梁相互搭接并伸出梁头，强调了水平的整体流线。

31 **大阪万博公园**
大阪万博公園

地址：大阪府吹田市千里万博公園 10-1
类型：其他 / 公园
年代：1970
面积：330 公顷
备注：http://www.expo70.or.jp/

32 **国立民族学博物馆**
国立民族学博物館

建筑师：黑川纪章
地址：大阪府吹田市千里万博公園 10-1
类型：文化建筑 / 博物馆
年代：1996
面积：51235 m^2
备注：http://www.minpaku.ac.jp/

33 **光的教堂**
光の教会

建筑师：安藤忠雄
地址：大阪府茨木市北春日丘 4-3-50
类型：宗教建筑 / 教堂
年代：1989
面积：113 m^2
备注：http://ibaraki-kasugaoka-church.jp/ (要预约)

Note Zon

大阪万博公园

万博纪念公园是在197
年举行的日本万国博览
会会场旧址上建造的公
园。在约260公顷的广阔
场地内，仍保留有日本
庭园及日本民艺馆为代
表的当时博览会的一部
分参展设施，此外还设
有文化设施及运动、休
闲区域。

国立民族学博物馆

这是日本最大的民族学研
究中心。该馆以搜集、保
管世界各民族的相关资料
为目的,在供社会参观的
同时，开展世界所有民族
的调查研究，在世界上已
颇负盛名。

光的教堂

属于新教系——日本基
督教团的教会，是197
年从同属于日本基督教
团的茨木教会以分离独
立的形式设置的。现在
礼拜堂的别名是“光之
教会”，这是由礼拜堂
的光十字而得名的。

光的教堂・安藤忠雄

大阪富国生命大楼·Dominique Perrault

和歌山县

Wakayama-ken

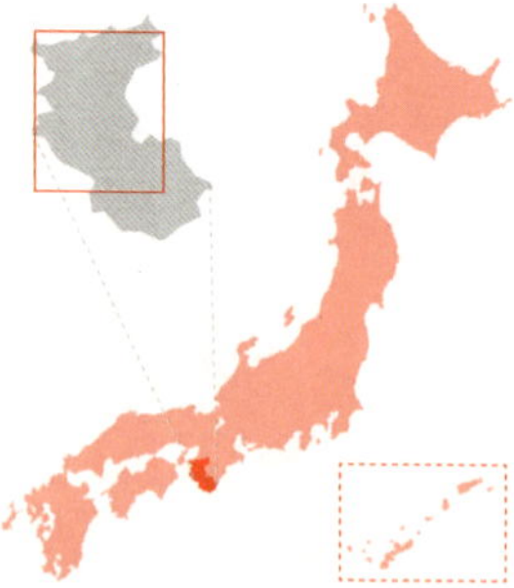

23 · 和歌山县

建筑数量 -04

01 和歌山县立纪伊风土记之丘 / 浦边镇太郎
02 念誓寺本堂 / 相田武文
03 熊野古道中边路美术馆 / SANAA
04 世界遗产 · 熊野本宫馆 / 香山寿夫

Note Zone

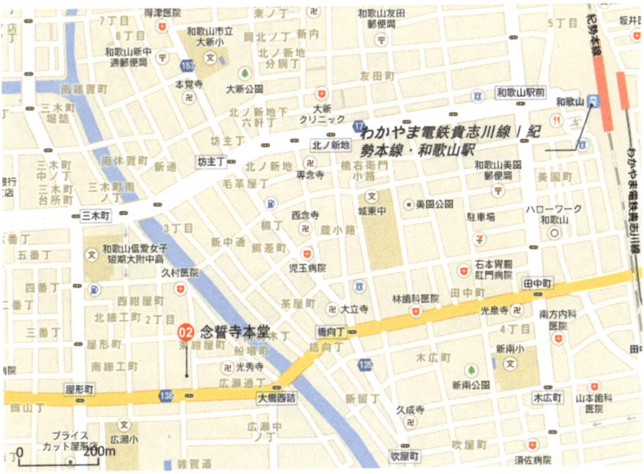

01 和歌山县立纪伊风土记之丘
和歌山県立紀伊風土記の丘

建筑师：浦边镇太郎
地址：和歌山県和歌山市岩橋1411
类型：科教建筑 / 资料馆
年代：1971
面积：1687 m²
备注：http://www.kiifudoki.wakayama-c.ed.jp/

02 念誓寺本堂
念誓寺本堂

建筑师：相田武文
地址：和歌山県和歌山市東紺屋町 57
类型：宗教建筑 / 寺院
年代：2001
面积：422 m²
备注：http://www.louvre-m.com/

和歌山县立纪伊风土记之丘

这是在岩桥千塚古坟群遗迹公园内修建的资料馆。考虑到要尽可能小地影响遗迹景观，建筑的高度很低。资料馆的设计灵感来源于弥生时代的“高床式”仓库。

念誓寺本堂

用地入口是凯旋门式的白色嵌瓦建筑。建筑底部在御影石铺砌的水面下有为了内部采光而设置的开窗。建筑内部使用了木材，营造了与外部不同的温暖感觉。

Note Zone

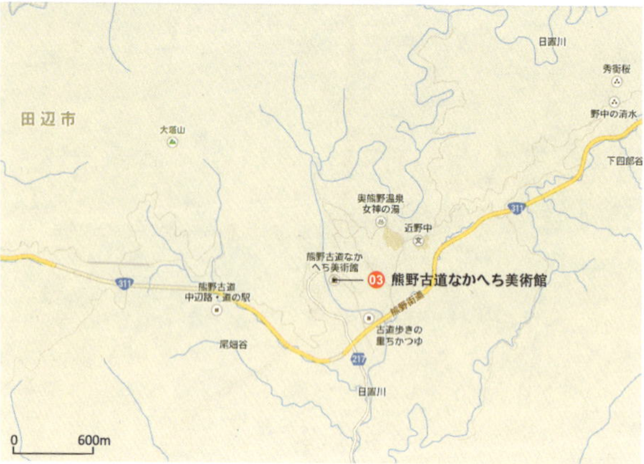

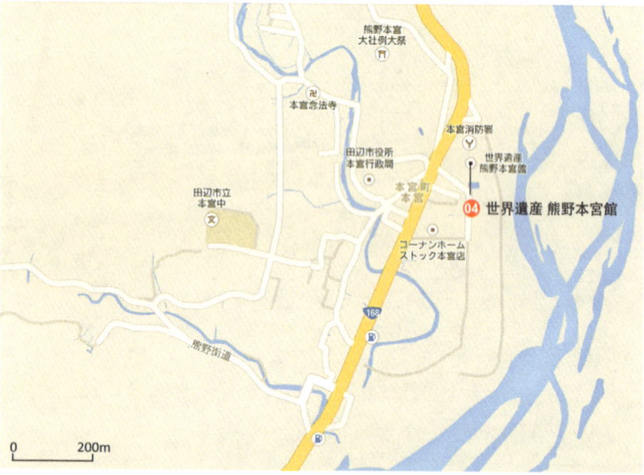

03 熊野古道中边路美术馆
熊野古道なかへち美術館

建筑师：SANAA / 妹岛和世 +西泽立卫
地址：和歌山県田辺市中辺路町近露 891
类型：文化建筑 / 美术馆
年代：1997
面积：752 m²
备注：http://www.city.tanabe.lg.jp/nakahechibijutsukan/

熊野古道中边路美术馆

关西地区SANAA的作品不多。这是一座由玻璃构成的简单箱型建筑。虽然体量不大但非常精致，围绕展室设置了一圈回廊，背侧是休憩区，展示出了SANAA一贯的简洁风格。

04 世界遗产·熊野本宫馆
世界遺産·熊野本宮館

建筑师：香山寿夫
地址：和歌山県田辺市本宮町本宮 100-1
类型：文化建筑 / 综合文化中心
年代：2009
面积：1380 m²
备注：http://www.city.tanabe.lg.jp/hongukan/

世界遗产·熊野本宫馆

这是熊野本宫大社的游客服务中心，被大社与熊野川相连形成的轴线划分为南馆和北馆。北馆为拥有250个座席的八角形多功能厅，南馆是展示空间和观光指导中心。

24

兵库县 Hyogo-ken

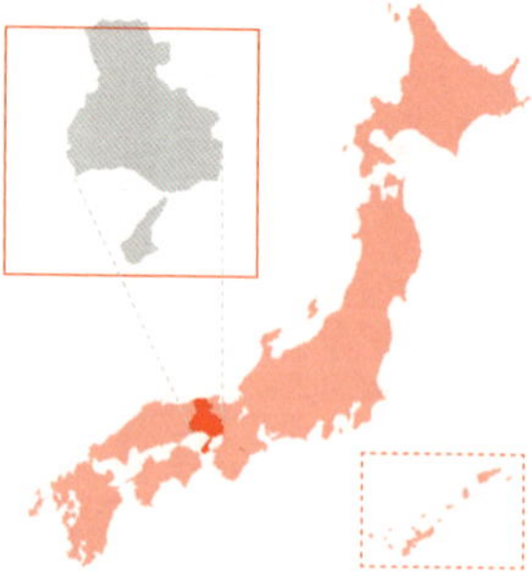

24・兵库县

建筑数量 -19

01 兵库县立美术馆“艺术馆”/ 安藤忠雄
02 六甲集合住宅 / 安藤忠雄
03 兵库县立近代美术馆 / 村野藤吾
04 YODOKO 迎宾馆 / 弗兰克・劳埃德・赖特
05 六甲垂枝展望台 / 三分一博志
06 小原流艺术参考馆・丰云纪念馆 / 清家清
07 纸的教堂 / 坂茂
08 4m×4m 的家 / 安藤忠雄
09 姬路市立星之子馆 / 安藤忠雄
10 兵库县立儿童馆 / 安藤忠雄
11 兵库县立木的殿堂 / 安藤忠雄
12 姬路文学馆 / 安藤忠雄
13 兵库县立历史博物馆 / 丹下健三
14 兵库县立但马体育场 / 仙田满
15 淡路梦舞台 / 安藤忠雄
16 真言宗本福寺水御堂 / 安藤忠雄
17 福良港海啸防灾站 / 远藤秀平
18 战没学徒纪念・青年广场 / 丹下健三
19 宝塚天主教堂 / 村野藤吾

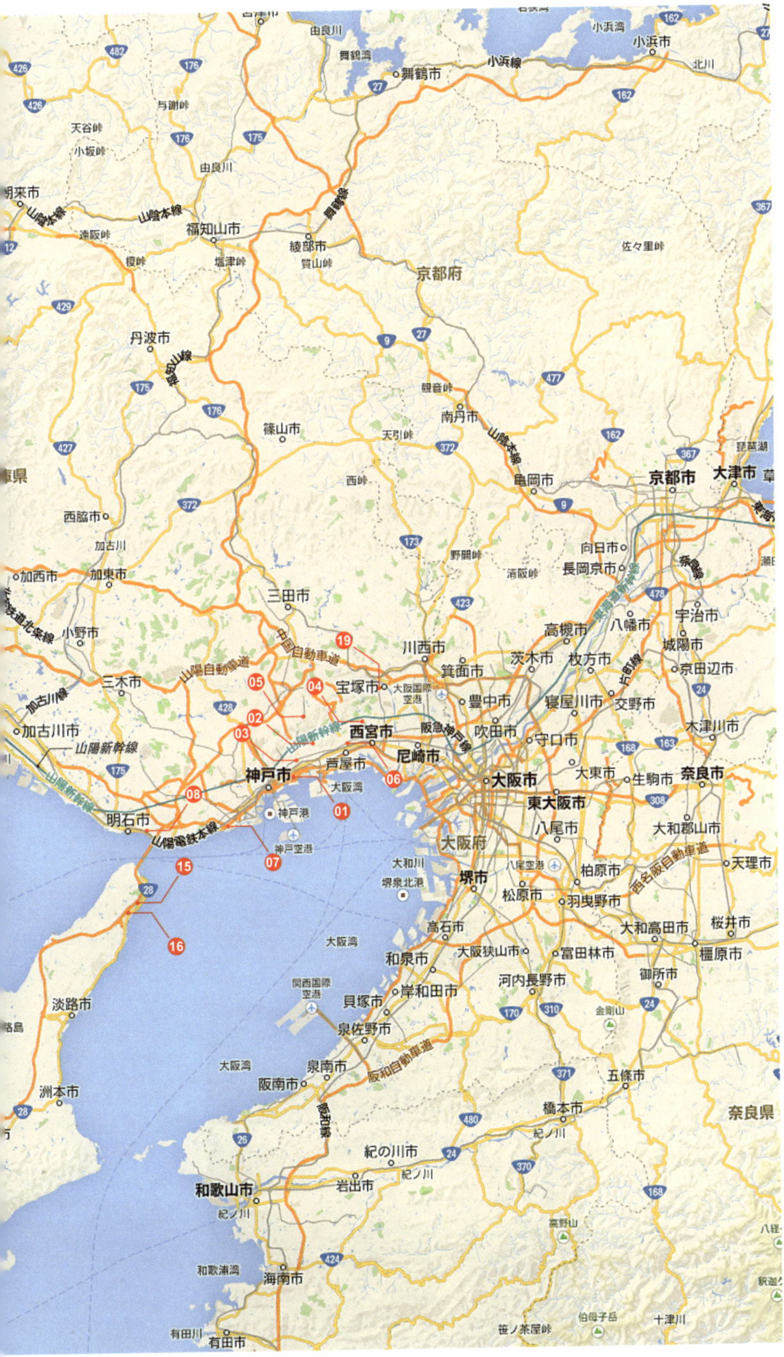

由良川
舞鶴湾
舞鶴市
小浜湾
小浜市
小浜線
北川
与謝峠
天谷峠
小坂峠
由良川
朝来市
山陰本線
福知山市
遠阪峠
榎峠
塩津峠
綾部市
質山峠
舞鶴線
京都府
佐々里峠
丹波市
福知山線
篠山市
天引峠
観音峠
南丹市
山陰本線
琵琶湖
亀岡市
京都市
大津市
西峠
西脇市
加古川
野間峠
清阪峠
向日市
長岡京市
加西市
加東市
三田市
高槻市
八幡市
宇治市
城陽市
京田辺市
小野市
中国自動車道
川西市
箕面市
茨木市
枚方市
片町線
山陽自動車道
三木市
宝塚市
大阪国際空港
豊中市
寝屋川市
交野市
加古川線
加古川市
山陽新幹線
西宮市
阪急神戸線
吹田市
守口市
木津川市
尼崎市
芦屋市
神戸市
大阪湾
大阪市
大東市
生駒市
奈良市
東大阪市
神戸港
明石市
山陽電鉄本線
神戸空港
八尾市
大和郡山市
大阪府
大和川
八尾空港
柏原市
天理市
西名阪自動車道
堺市
堺泉北港
松原市
羽曳野市
高石市
大和高田市
桜井市
大阪湾
大阪狭山市
富田林市
橿原市
和泉市
河内長野市
御所市
関西国際空港
岸和田市
貝塚市
淡路市
泉佐野市
金剛山
阪和自動車道
大阪湾
泉南市
五條市
阪南市
洲本市
阪和線
橋本市
奈良県
紀ノ川
紀の川市
紀ノ川
岩出市
和歌山市
紀ノ川
高野山
和歌浦湾
海南市
有田川
有田市
笹ノ茶屋峠
伯母子岳
十津川
01
02
03
04
05
06
07
08
15
16
19

Note Zon

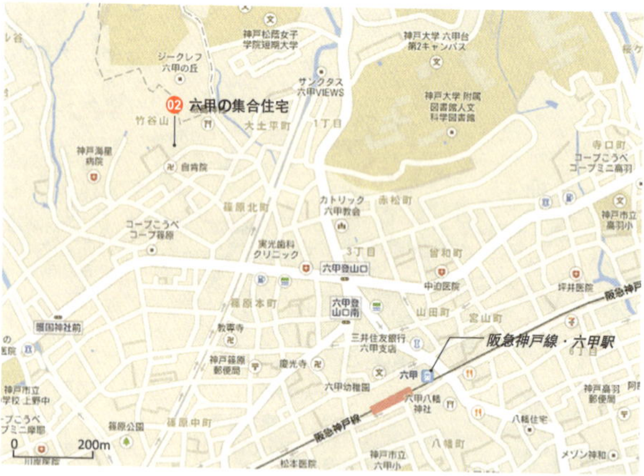

01 兵库县立美术馆“艺术馆”
兵庫県立美術館「芸術の館」

建筑师：安藤忠雄
地址：神户市中央区脇浜海岸通 1-1-1
类型：文化建筑 / 美术馆
年代：2001
面积：25300 m²
备注：http://www.artm.pref.hyogo.jp/

兵库县立美术馆“艺术馆”

这是作为阪神大地震复兴的象征项目而设计的新美术馆。建筑整体是3个玻璃箱体并置，把箱体之间的空间作为广场。外墙贴着具有厚重感的石材，由此混凝土建筑的形象变的很弱，有些不太像安藤的建筑的感觉。

02 六甲集合住宅
六甲の集合住宅

建筑师：安藤忠雄
地址：神户市灘区篠原伯母野山町2丁目
类型：居住建筑 / 集合住宅
年代：1983
面积：1779 m²
备注：无

六甲集合住宅

这是1983年第一期竣工之后，1993年第二期、1999年第3期一直持续建设起来的集合住宅。利用六甲山的倾斜地形建造。建筑每户都能够眺望大阪湾，内部基本为二层的吹拔空间，各户配备了屋外平台。

Note Zone

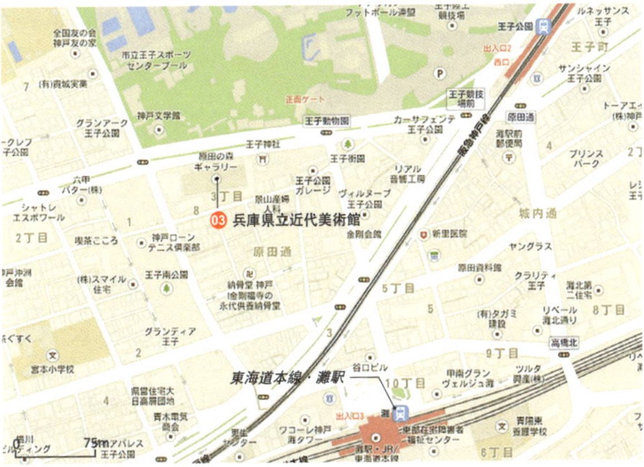

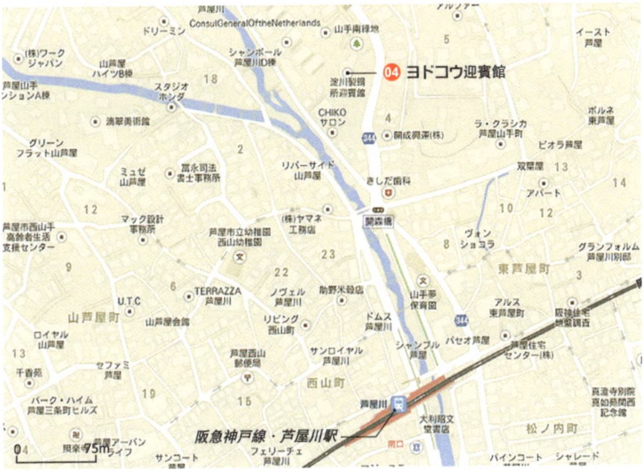

兵库县立近代美术馆

立于王子公园前建造的美术馆。由于安藤忠雄设计的兵库县立美术馆继承了该美术馆的原有机能，所以改名为“原田的森画廊”，现在作为艺术据点被用作艺术沙龙和出租画廊。

YODOKO 迎宾馆

被称为20世纪建筑大师之一的赖特设计的迎宾馆，建于兵库县芦屋市的小山丘上，周围被绿化包围，是赖特在日本唯一的整体都被保存下来的建筑作品。1974年被指定为日本的重要文化财产，从1989年开始向公众开放。

03 兵库县立近代美术馆
兵庫県立近代美術館

建筑师：村野藤吾
地址：神戸市灘区原田通 3-8-30
类型：文化建筑 / 美术馆
年代：1970
面积：6524 m^2
备注：http://hyogo-arts.or.jp/harada/

04 YODOKO 迎宾馆
ヨドコウ迎賓館

建筑师：弗兰克·劳埃德·赖特
地址：兵庫県芦屋市山手町 3-10
类型：居住建筑 / 住宅
年代：1924
面积：566 m^2
备注：http://www.yodoko.co.jp/geihinkan/index.html

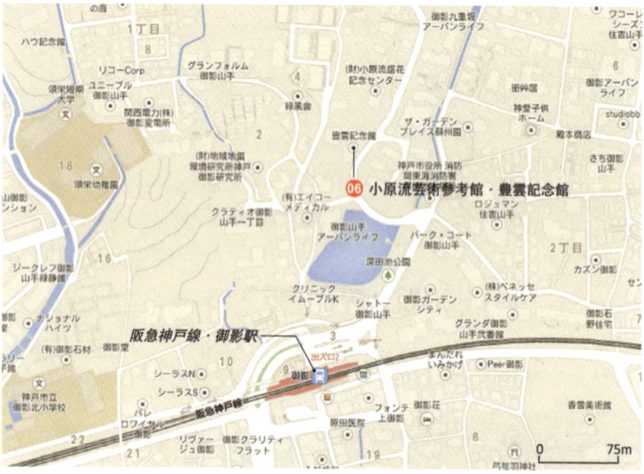

05 六甲垂枝展望台
六甲枝垂れ

建筑师：三分一博志
地址：神戸市灘区六甲山町五介山 1877-9
类型：其他／展望台
年代：2010
备注：http://www.rokkosan.com/view/

06 小原流艺术参考馆·丰云纪念馆
小原流芸術参考館·豊雲記念館

建筑师：清家清
地址：神戸市東灘区住吉山手 4-12-70
类型：文化建筑 / 纪念馆
年代：1970
面积：1332 m^2
备注：无

Note Zon

六甲垂枝展望台

在六甲山内的休闲设施"六甲Garden Terrace"内建造的展望设施。以40岁以下的建筑师为对象的设计竞赛中，三分一博志获得了优胜。内部像墨西哥老人帽子一样的建筑物周围是桧木和不锈钢编织起来的穹顶。

小原流艺术参考馆·丰云纪念馆

该馆是御影的山脚下建造的小原流建筑群内的组成之一。平成 10 年被改造，名称也改为了"丰云纪念馆"。馆内展示了作为小原丰云创作源泉的东南亚民族资料。建筑由连续的拱顶和陶瓷砌块构成。

ote Zone

氏的教堂

E因阪神大地震的火灾中
尧毁的教堂原址上用纸建
吉的新教堂。坂茂开发的
氏管构造，58根纸管呈椭
圆状并列在一起，在其周
围覆盖着窗框，通过顶棚
训造出了柔和、虚幻的内
邓空间。

m×4m 的家

基地位于能够眺望大海
匀海湾地带。建筑主体
匀边长4.75米的一室空
间的层叠，也不只是简
单的层叠，而是4层起居
室部分向大海一侧挑出1
米，成了像瞭望台一样
匀空间。

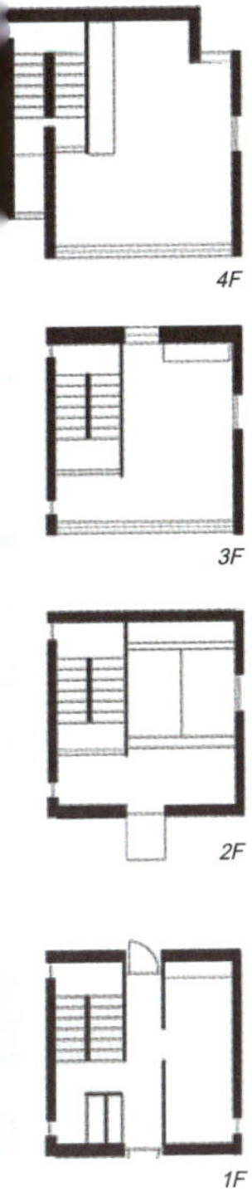

4m×4m 的家·平面图

07 纸的教堂
纸の教会

建筑师：坂茂
地址：神戸市長田区海運町3-3-8
类型：宗教建筑 / 教堂
年代：1995
面积：168 m^2
备注：无

08 4m×4m 的家
4m×4m の家

建筑师：安藤忠雄
地址：神戸市垂水区狩口台7-15-50
类型：居住建筑 / 个人住宅
年代：2003
面积：117 m^2
备注：无

Note Zon

09 姬路市立星之子馆
姫路市立星の子館

建筑师：安藤忠雄
地址：姬路市青山 1470-24
类型：科教建筑 / 天文台
年代：1992
备注：http://www.city.himeji.lg.jp/hoshinoko/

10 兵库县立儿童馆
兵庫県立こどもの館

建筑师：安藤忠雄
地址：姬路市太市中 915-49
类型：文化建筑
年代：1989
面积：7007 m^2
备注：http://kodomonoyakata.jp/

11 兵库县立木的殿堂
兵庫県立木の殿堂

建筑师：安藤忠雄
地址：美方郡村冈区和池 951
类型：文化建筑 / 博物馆
年代：1994
面积：2695 m^2
备注：无

姬路市立星之子馆

为儿童进行天文观测而建造的设施，建筑内配有住宿设施。设计时考虑到了尽量少地破坏山体。沿大台阶上去后到达入口空间，建筑内部随处可见为儿童游戏做出的空间设计。

兵库县立儿童馆

在优美自然环境中建造的为儿童提供的文化设施。有具备多种功能的本馆和工房，两者之间用散步道连接在了一起。阶梯状的水面创造出了趣味的户外休闲空间。

兵库县立木的殿堂

木的殿堂是以“森林、海洋、太阳”为主题的博物馆。建筑主体使用了滁川平地区森林中的大型杉木及杉木集成材料进行建设。该建筑上上下下的交通动线构成了馆内立体的展示空间。在被树木香气包围的1(…)米高的天井内部空间中，展示了世界范围内的木制民家模型，并介绍了从树木产生的各种文化。清

Note Zone

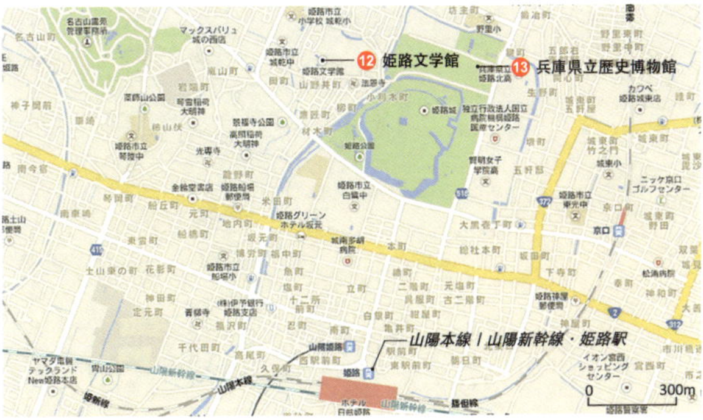

⑫ 姬路文学馆
姫路文学館

建筑师：安藤忠雄
地址：姫路市山野井町 84
类型：文化建筑 / 文学资料馆
年代：1991
面积：3815 m²
备注：http://www.city.himeji.lg.jp/bungaku/

⑬ 兵库县立历史博物馆
兵庫県立歴史博物館

建筑师：丹下健三
地址：姫路市本町 68 兵庫県立歴史博物館
类型：文化建筑 / 博物馆
年代：1982
面积：7465 m²
备注：http://www.hyogo-c.ed.jp/~rekihaku-bo/

⑭ 兵库县立但马体育场
兵庫県立但馬ドーム

建筑师：仙田满
地址：豊岡市日高町名色 88-50
类型：体育建筑 / 体育馆
年代：1998
面积：23236 m²
备注：http://www.tajimadome.jp/

姬路文学馆

位于姬路城附近，馆内展示了以姬路为中心的文人们的资料。南馆是司马辽太郎纪念馆。在基地内修复了名为"望景邸"的大正期间建造的日本传统民家。

兵库县立历史博物馆

在姬路城的特别历史遗迹内建造的历史博物馆。设计时考虑到姬路城，外墙隐喻"白鹭城"，采用御影石贴面，回廊与展示空间的关系、开口部位和换气口的设计等也是模仿老城内的设计。

兵库县立但马体育场

该体育场是重叠建造在兵库县北部的日高町上的体育设施。多层屋顶在一起的正立面盖住了大型穹顶。里面是依靠白色特氟隆膜做成的穹顶，通过控制，穹顶可以开合。

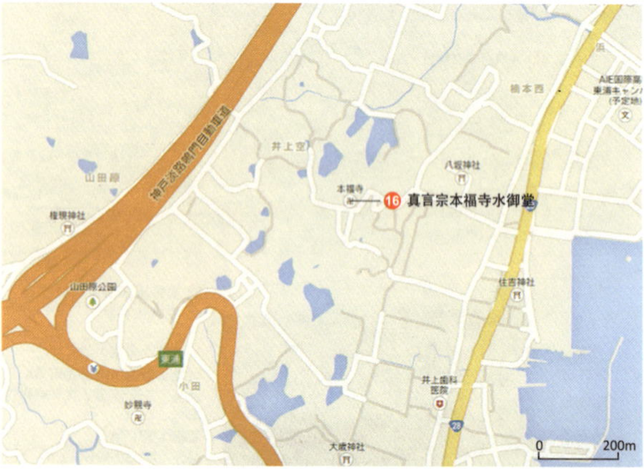

Note Zon

15 淡路梦舞台
淡路夢舞台

建筑师：安藤忠雄
地址：淡路市夢舞台2
类型：文化建筑 / 综合设施
年代：2000
面积：93500 m²
备注：http://www.yumebutai.co.jp/

16 真言宗本福寺水御堂
真言宗本福寺水御堂

建筑师：安藤忠雄
地址：淡路市浦 1310
类型：宗教建筑 / 寺院
年代：1991
面积：417 m²
备注：http://kobe.travel.coocan.jp/awaji_city/honpukuji.htm

淡路梦舞台

由于建设关西国际机场而挖掘了土地，为了恢复其自然环境而举办了有益于环境的博览会、淡路花博会，该地作为举办地建设了旅馆、会场等，总称为"梦舞台"。旅馆的附属设施"海的教堂"、野外剧场、国际会场等是安藤建筑的集大成。

真言宗本福寺水御堂

建造在能够眺望淡路岛东北部的大阪湾的小山丘上，钢筋混凝土的莲花池下面是本堂，这是非常独特的构造。穿过被植物包围的通道，出现在眼前的弧形墙是俗界与圣界的界线，绕过弧形墙到达莲花池。

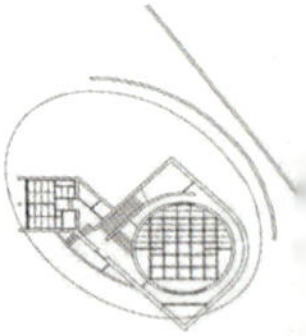

真言宗本福寺水御堂・平面图

Note Zone

福良港海啸防灾站

在淡路岛南端的福良港建设的海啸防灾站。该站具备了能够远程操作开关水门、防灾学习、紧急避难所的功能。一层考虑到海啸设计成架空层，二层集合了各种功能并连同屋顶提供了可以容300人以上的避难空间。

战没学徒纪念·青年广场

为纪念太平洋战争中死去的年轻人而在淡路岛南端建造的设施。由于是在风景秀丽的山上，所以是感觉很好的场所。整体由石砌的展示设施和纪念碑构成。展示室的屋顶上设置了路径，由此可以与里面的纪念碑联系在一起。

宝冢天主教堂

沿道路在三角形基地内建造的基督教堂。建筑具有村野藤吾的典型风格，具有多重曲线的白色灰泥外墙以及铜板屋顶的塔是该建筑的主要特征。

17 福良港海啸防灾站
福良港津波防災ステーション

建筑师：远藤秀平
地址：南淡路市福良甲 1528-4
类型：办公建筑
年代：2010
面积：375 m^2
备注：http://tsunami-bousai.info/

18 战没学徒纪念·青年广场
戦没学徒記念·若人の広場

建筑师：丹下健三
地址：姫兵庫県南あわじ市若人の広場
类型：文化建筑 / 纪念馆
年代：1967
面积：7465 m^2
备注：无

19 宝冢天主教堂
宝塚カトリック教会

建筑师：村野藤吾
地址：宝塚市南口 1-7-7
类型：宗教建筑 / 教堂
年代：1966
面积：418 m^2
备注：http://www.takarazuka.org/

淡路梦舞台・安藤忠雄

25 鸟取县 Tottori-ken

25 · 鸟取县

建筑数量 -04

01 境港交流馆 / 高松伸
02 境境港市文化会馆 · 交响乐花园 / 高松伸
03 东光园 / 菊竹清训
04 仓吉市厅舍 / 丹下健三 + 岸田日出刀

Note Zone

01 境港交流馆
みなとさかい交流館

建筑师：高松伸
地址：鳥取県境港市大正町 215
类型：文化建筑 / 综合文化中心
年代：1994
面积：2919 m²
备注：http://www.sakaiminato.net/site2/page/guide/point/miru/kouryu/

02 境港市文化会馆·交响乐花园
境港市文化ホール · シンフォニーガーデン

建筑师：高松伸
地址：鳥取県境港市中野町 2050
类型：文化建筑 / 综合文化中心
年代：1994
面积：2323 m²
备注：无

境港交流馆

坐落在JR境港站边，是境港市的邮轮码头，内部设有大浴场和展示空间。建筑高度约为30米，乘船旅客通过空中走廊步入码头。

境港市文化会馆·交响乐花园

这是在“人与世界交流馆”南1.5公里处建造的专用古典音乐厅，圆形庭园被混凝土空中步廊穿过，沿着倾斜的步廊可以看到人工池面。

Note Zone

03 东光园
東光園

建筑师：菊竹清训
地址：鳥取県米子市皆生温泉 3-17-7
类型：商业建筑 / 旅馆
年代：1964
面积：3356 m²
备注：http://www.toukouen.com/index.html

东光园

该建筑是皆生温泉内的旅馆，内部设有一个大的日本庭园，三组柱子贯穿支撑起所有的空间。入口的自动门并不是双向开关，而是分成了入口与出口用的两组单向门。

04 仓吉市厅舍
倉吉市庁舎

建筑师：丹下健三+岸田日出刀
地址：鳥取県倉吉市葵町 722
类型：办公建筑 / 政府办公楼
年代：1956
面积：3225 m²
备注：无

仓吉市厅舍

由仓吉出身的建筑师岸田日出刀设计的市政厅。现浇混凝土材料突出了整个建筑的体量感。主入口连接市民大厅，呈现出了非常开放的性格特征。

26
香川县
Kagawa-ken

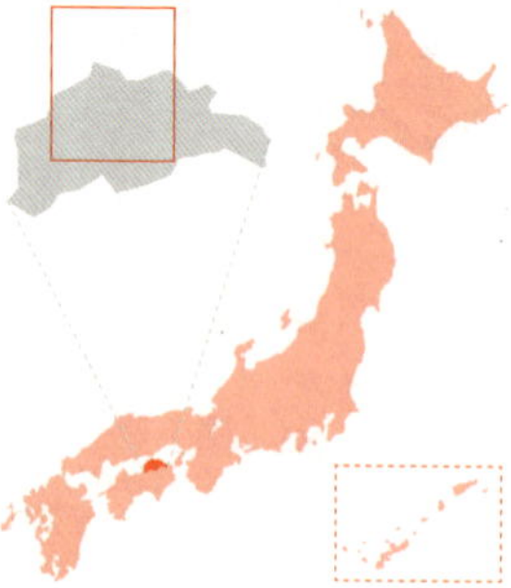

26・香川县

建筑数量 -12

01 旧香川县厅舍 / 丹下健三
02 香川县立体育馆 / 丹下健三
03 野口勇庭园美术馆 / 野口勇
04 香川县立东山魁夷濑户内美术馆 / 谷口吉生
05 坂出人工土地 / 大高正人
06 丸亀市猪熊弦一郎现代美术馆 / 谷口吉生
07 丰岛美术馆 / 西泽立卫
08 直岛海的码头 / SANAA
09 南寺 / 安藤忠雄
10 Benesse House 美术馆 / 安藤忠雄
11 李禹焕美术馆 / 安藤忠雄
12 地中美术馆 / 安藤忠雄

ote Zone

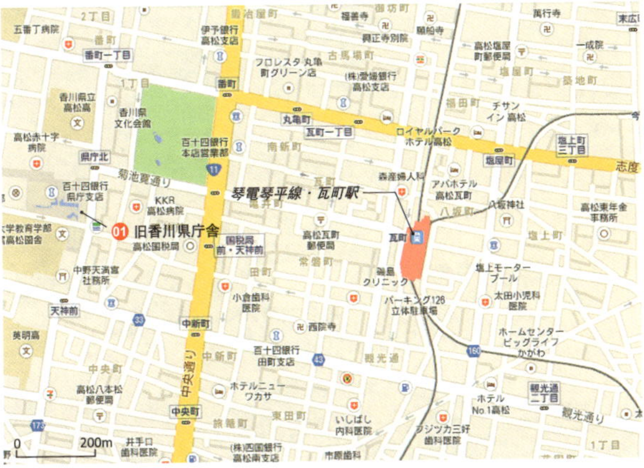

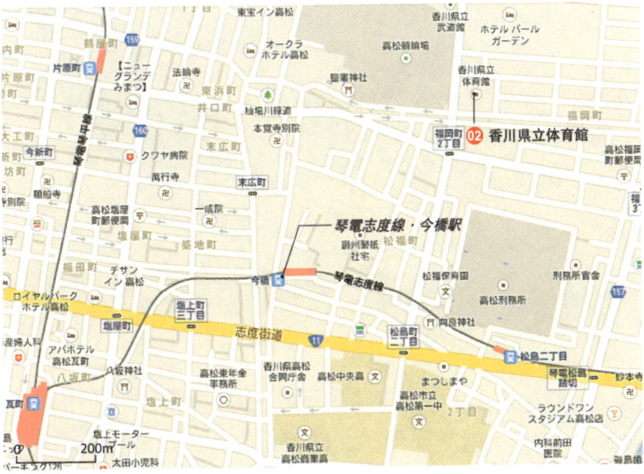

01 旧香川县厅舍
旧香川県庁舎

建筑师：丹下健三
地址：香川県高松市番町 4-1-10
类型：办公建筑 / 市政厅
年代：1958
面积：12066 m²
备注：无

02 香川县立体育馆
香川県立体育館

建筑师：丹下健三
地址：香川県高松市福岡町 2-18-26
类型：体育建筑 / 体育馆
年代：1965
面积：4707 m²
备注：http://www.taiikukan.jp/kentai/

旧香川县厅舍

丹下健三的代表作之一，日本市政厅建筑的先驱，为中央核心筒的结构形式，之后的市政建筑大多追随这种形式。在建筑细部上，用混凝土再现了日本传统的小梁和格子的形象。

香川县立体育馆

一个有着强烈现代感的体育馆建筑，作为形象特征的屋顶为HP曲面悬吊构造，设计时进行了大量复杂的计算，包括为抗震所做的弹性构造评估等细致的工作。

Note Zone

野口勇庭园美术馆

被称为在日本最难到达的美术馆。该庭园美术馆展示了150多件野口勇的雕刻作品，而且他自己设计了住宅和私人庭院。以前作为个人工作室，他在这里创造出了许多代表作。

香川县立东山魁夷濑户内美术馆

这是为收藏东山魁夷家族所赠的东山版画作品建造的美术馆。外墙是谷口吉生常采用的绿色石板，使建筑呈现了稳重的感觉。面对大海的墙壁上有条形的开口，从这里可以眺望大海。

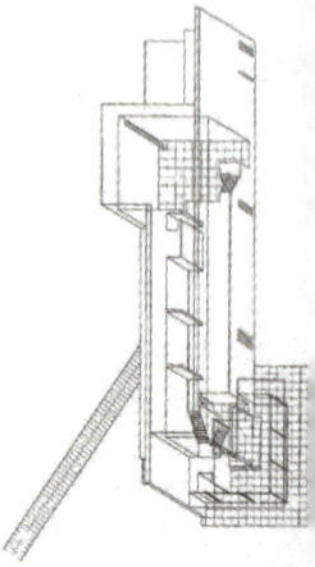

香川县立东山魁夷濑户内美术馆・轴测图

03 野口勇庭园美术馆
イサムノグチ庭園美術館

建筑师：野口勇
地址：香川県高松市牟礼町牟礼 3519
类型：文化建筑 / 美术馆
年代：1999 开馆
备注：http://www.isamunoguchi.or.jp/index.htm（要预约）

04 香川县立东山魁夷濑户内美术馆
香川県立東山魁夷せとうち美術館

建筑师：谷口吉生
地址：香川県坂出市沙弥島字南通 224-13
类型：文化建筑 / 美术馆
年代：2004
面积：853 m^2
备注：http://www.pref.kagawa.jp/higashiyama/

ote Zone

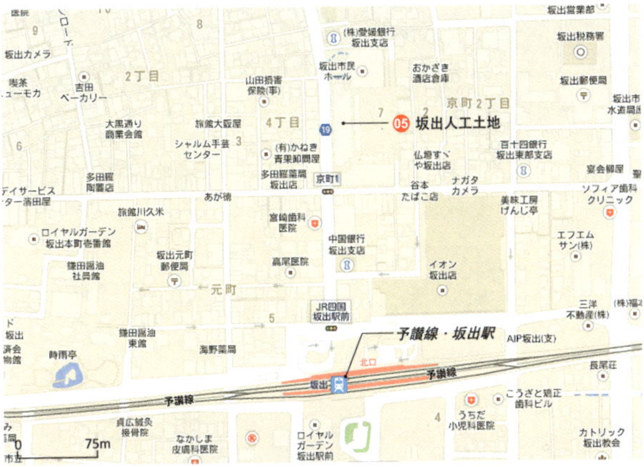

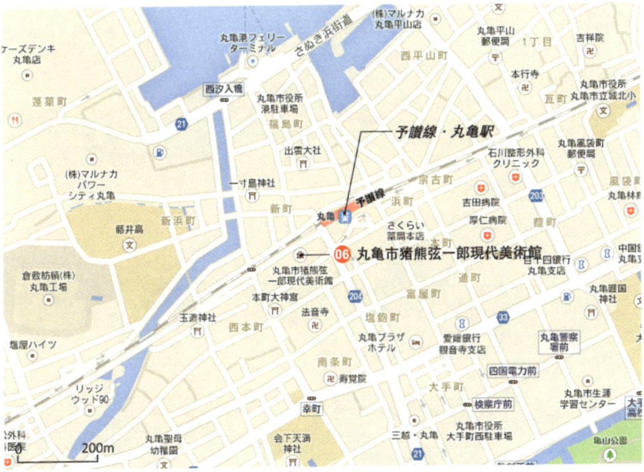

05 坂出人工土地

坂出人工土地

建筑师：大高正人

地址：香川県坂出市京町 2-1-13

类型：居住建筑 / 集合住宅

年代：1968

备注：无

06 丸亀市猪熊弦一郎现代美术馆

丸亀市猪熊弦一郎現代美術館

建筑师：谷口吉生

地址：香川県丸亀市浜町 80-1

类型：文化建筑 / 美术馆

年代：1991

面积：8000 m²

备注：http://www.mimoca.org/ja/

反出人工土地

这是大高正人提倡的“人工土地”概念的实践。为对应地上交通，在一层设置了商店和停车场，居住部分是在被抬高了6米～9米的“人工土地”上建设的。住宅楼栋前后交错排布，形成了有趣的节奏感。

丸亀市猪熊弦一郎现代美术馆

这是在丸亀市车站前再开发项目中建造的美术馆。立面墙壁上有猪熊弦一郎的涂鸦作品《创造的广场》。建筑的大门形成的空间使站前广场和建筑内部自然地联系起来。

Note Zon

07 丰岛美术馆
豊島美術館

建筑师：西泽立卫
地址：香川県小豆郡土庄町豊島唐櫃 607
类型：文化建筑 / 美术馆
年代：2010
面积：2400 m²
备注：http://www.benesse-artsite.jp/teshima-artmuseum/

08 直岛海的码头
海の駅なおしま

建筑师：SANAA ／ 妹岛和世 +西泽立卫
地址：香川県香川郡直島町
类型：交通建筑 / 码头
年代：2006
面积：1915 m²
备注：http://www.g-ncc.jp/

丰岛美术馆

坐落在小山上的美术馆，是以平面40米×6…米、高4.5米的混凝土壳为主体结构的大空间。顶棚开有两个巨大的圆洞，使建筑内部成了光、风、雨、雪都可以进入的半室外空间。

丰岛美术馆 · 总平面

直岛海的码头

在著名的艺术之岛——直岛上建造的游船码头。建筑的大屋顶被细细的柱子以及镜面幕墙支撑，在这里营造了包含停车场在内的大部分室外空间。

ote Zone

寺

这是直岛"家Project"
项目的二号建筑物，用
来展示美国艺术家詹姆
斯·泰勒的作品。该建
筑是全木结构，外表涂
成黑色。内部完全黑
暗，只有等眼睛适应之
后才能看到展品。

enesse House 美术馆

以"自然·建筑·艺术
共生"为理念的美术
馆、旅馆一体的综合性
建筑。美术馆部分采用
了开放大空间做法，使
室内也能够经常感受到
室外的自然。

李禹焕美术馆

这是以日本为主要活动
地的现代美术家——李
禹焕的个人美术馆。建
筑建在谷地里，正面是
巨大的钢筋混凝土墙，
在地下根据地形设置展
室。入口前面的广场上
有一根高达18.5米的六角
形柱。

地中美术馆

为了保护用地周边的盐
田风景，建筑整体被埋
在了地下，从外面仅能
看到钢筋混凝土的入
口。内部艺术空间由三
大部分组成，分别展示
了詹姆斯·特瑞尔、莫
奈和沃尔特·德·玛利
亚的作品。

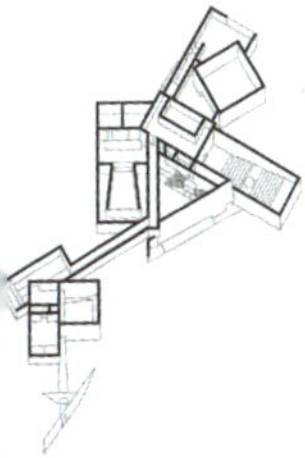

地中美术馆 · 轴测图

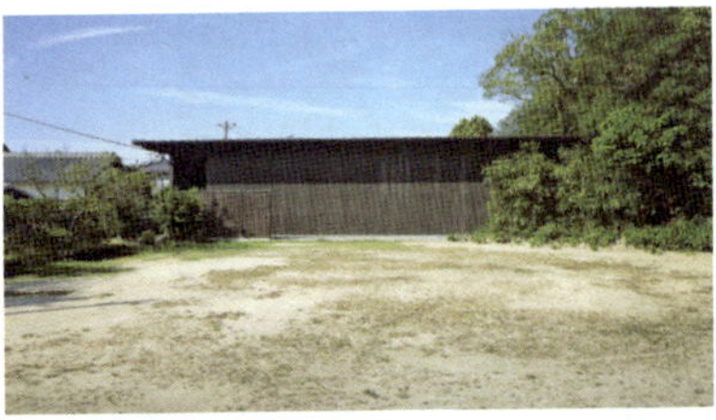

09 南寺
南寺

建筑师：安藤忠雄
地址：香川県香川郡直島町本村
类型：文化建筑 / 美术馆
年代：1999
面积：163 m²
备注：无

10 Benesse House 美术馆
ベネッセハウスミュージアム

建筑师：安藤忠雄
地址：香川県香川郡直島町
类型：文化建筑 / 美术馆
年代：1997
面积：595 m²
备注：http://www.benesse-artsite.jp/

11 李禹焕美术馆
李禹煥美術館

建筑师：安藤忠雄
地址：香川県香川郡直島町
类型：文化建筑 / 美术馆
年代：2010
面积：443 m²
备注：http://www.benesse-artsite.jp/lee-ufan/

12 地中美术馆
地中美術館

建筑师：安藤忠雄
地址：香川県香川郡直島町
类型：文化建筑 / 美术馆
年代：2004
面积：2573 m²
备注：http://www.benesse-artsite.jp/chichu/index.html

21

冈山县 Okayama-ken

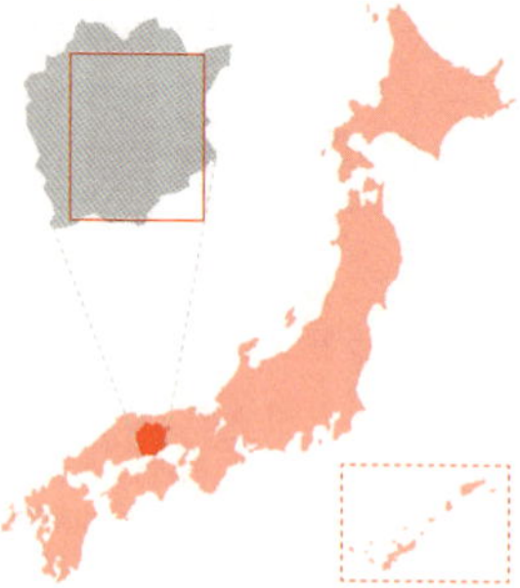

27 · 冈山县

建筑数量 -06

01 犬岛精炼所美术馆 / 三分一博志
02 犬岛“家计划”（A,C,F,I,S 邸）/ 妹岛和世
03 林原美术馆 / 前川国男
04 仓敷市立美术馆 / 丹下健三
05 奈义町现代美术馆 / 矶崎新
06 成羽町美术馆 / 安藤忠雄

Note Zone

01 犬岛精炼所美术馆
犬島精錬所美術館

建筑师：三分一博志
地址：岡山県岡山市東区犬島327-5
类型：文化建筑 / 美术馆
年代：2008
面积：790 m²
备注：http://www.benesse-artsite.jp/seirensho/index.html

02 犬岛"家计划"（A,C,F,I,S 邸）
犬島「家プロジェクト」
（A,C,F,I,S 邸）

建筑师：妹岛和世
地址：岡山県岡山市東区犬島327-5
类型：居住建筑 / 住宅
年代：2010
备注：http://www.benesse-artsite.jp/inujima-arthouse/index.html

犬岛精炼所美术馆

这是对犬岛炼铜厂遗址进行保存再生而建造的美术馆，以"灵活运用现有的东西来创造没有的东西"为创作理念，保留了既存的烟囱、废料砖等，是充分利用太阳能及地热的绿色建筑。

犬岛"家计划"

这是艺术指导长谷川祐子和建筑师妹岛和世合作，围绕聚落展开的项目。截至2013年先后建成了"F"、"S"、"I"、"A"、"C"住宅和中之谷东屋。

Note Zone

03 林原美术馆
林原美術館

建筑师：前川国男
地址：岡山県岡山市北区丸の内 2-7-15
类型：文化建筑 / 美术馆
年代：1963
面积：1919 m²
备注：http://www.hayashibara-museumofart.jp/

04 仓敷市立美术馆
倉敷市立美術館

建筑师：丹下健三
地址：岡山県倉敷市中央 2-6-1
类型：文化建筑 / 美术馆
年代：1960
面积：7325 m²
备注：http://www.city.kurashiki.okayama.jp/dd.aspx?menuid=11459

林原美术馆

位于冈山县城西侧的私人美术馆，战灾后实业家林原氏购入，修建成美术馆。建筑活用了在战争灾难中幸免于难的长屋门和土藏。建筑内部是围绕着中庭的空间，动线十分简洁。

仓敷市立美术馆

原仓敷市政厅，现改为美术馆，用来展示日本画家池田遥邨寄赠给仓敷市的美术作品。建筑原来的层高很高，而且有着无障碍的平面空间，非常适合美术馆的改造。

Note Zone

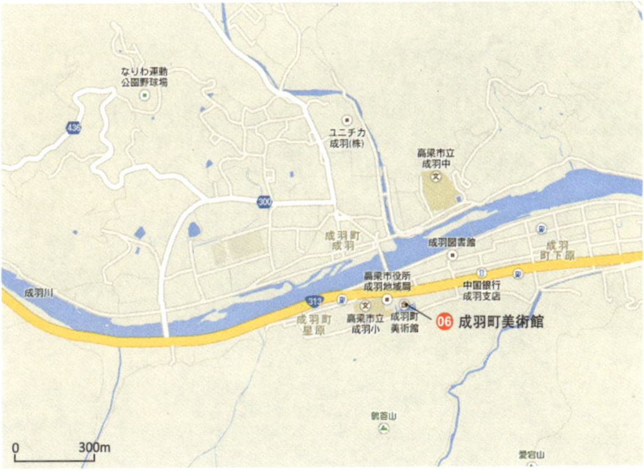

05 奈义町现代美术馆
奈義町現代美術館

建筑师：矶崎新
地址：岡山県勝田郡奈義町豊沢 441
类型：文化建筑 / 美术馆
年代：1994
面积：1887 m²
备注：http://www.town.nagi.okayama.jp/moca/index.html

06 成羽町美术馆
成羽町美術館

建筑师：安藤忠雄
地址：岡山県高梁市成羽町下原 1068-3
类型：文化建筑 / 美术馆
年代：1994
面积：2961 m²
备注：http://www.kibi.ne.jp/~n-museum/

奈义町现代美术馆

美术馆里有 Nagi MOCA（由荒川修作、冈崎和郎与宫胁爱子三位作家组成的艺术组织）的各种空间艺术作品。建筑内部分为“大地”、“月”和“太阳”三个场馆。

成羽町美术馆

这是展示儿岛虎次郎艺术作品的美术馆。建筑设计试图将外部环境引入室内，使用了大面积的水池，表现出了强烈的亲水性。

犬岛“家计划”·妹岛和世

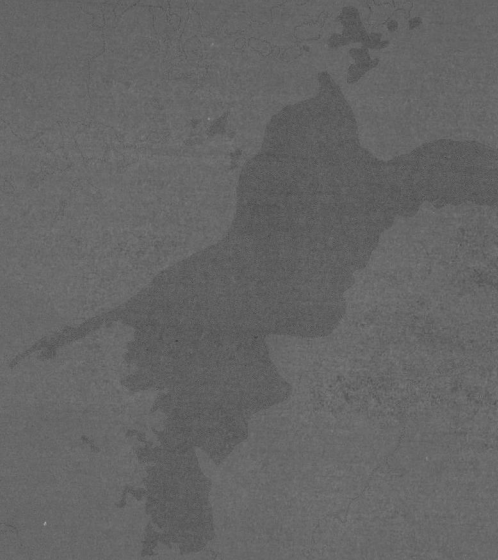

20 爱媛县 Ehime-ken

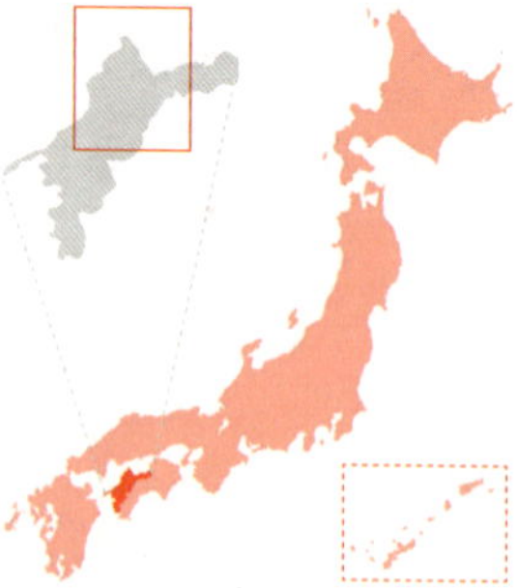

28・爱媛县

建筑数量 -06

01 今治市岩田健母与子博物馆 / 伊东丰雄
02 今治市伊东丰雄建筑博物馆 1、2 / 伊东丰雄
03 爱媛信用金库今治支店 / 丹下健三
04 La Miell 咖啡厅 / 谷尻诚
05 南岳山・光明寺 / 安藤忠雄
06 三浦美术馆 / 长谷川逸子

Note Zone

今治市岩田健母与子博物馆

这是今治市为展示雕刻家岩田健寄赠的艺术品而修建的室外美术馆。建筑整体是一个由钢筋混凝土做成的圆形墙壁，有薄薄的屋顶遮盖。圆形墙壁围成的庭院就是室外的展示空间。

今治市伊东丰雄建筑博物馆 1, 2

这是专门收藏和展示伊东丰雄建筑作品的展览馆，由四重多面体连接而成的展示栋和复原伊东自宅——“银色小屋”的建筑组成。屋外也沿着小路布置着展品。

今治市伊东丰雄建筑博物馆・平面图

01 今治市岩田健母与子博物馆
今治市岩田健母と子のミュージアム

建筑师：伊东丰雄
地址：愛媛県今治市大三島町宗方 5208-2
类型：文化建筑 / 美术馆
年代：2011
面积：197 m²
备注：http://museum.city.imabari.ehime.jp/iwata/

02 今治市伊东丰雄建筑博物馆 1,2
今治市伊東豊雄建築ミュージアム 1、2

建筑师：伊东丰雄
地址：今治市大三島町浦戸 2418
类型：文化建筑 / 美术馆
年代：2011
面积：188 m²
备注：http://www.tima-imabari.jp/

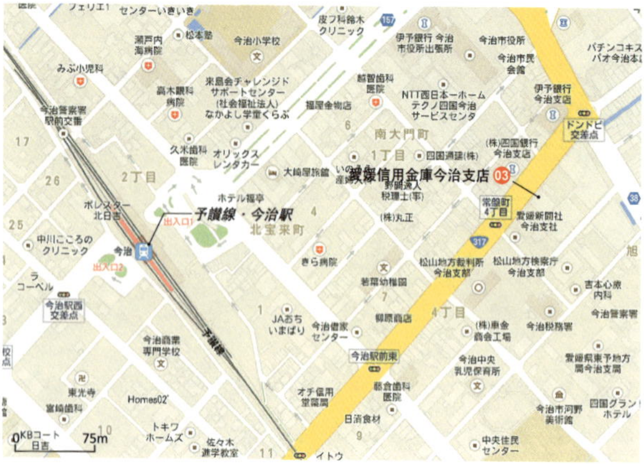

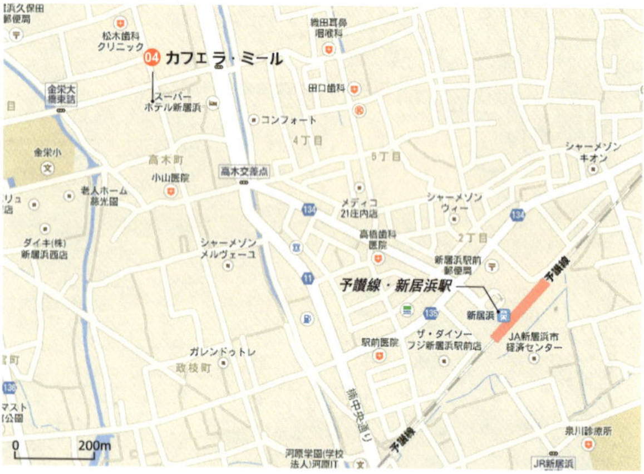

03 **爱媛信用金库今治支店**
愛媛信用金庫今治支店

建筑师：丹下健三
地址：愛媛県今治市常盤町 4-1-15
类型：商业建筑 / 银行
年代：1960
备注：无

04 **La Miell 咖啡厅**
カフエ ラ・ミール

建筑师：谷尻诚
地址：愛媛県新居浜市高木町 4-10
类型：商业建筑 / 咖啡店
年代：2006
面积：218 m²
备注：无

爱媛信用金库今治支店

建筑坐落在孕育了著名的别子铜山的爱媛县新居滨市，其功能是咖啡厅，外形由四个直角三角形组成。内部包括地上一层和地下两层，从三角形形体的缝隙采光。

La Miell 咖啡厅

建筑整体通过钢筋混凝土的重量感表达了强烈的现代主义精神，其特征是仿佛悬在空中的巨大屋顶。建筑后面的停车场曾经扩建过。

Note Zone

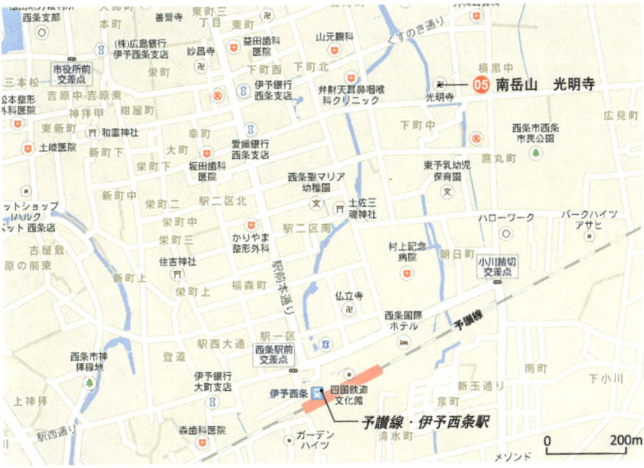

南岳山・光明寺

这是一座用美国花旗松集成材料建造的方形寺院本堂。混凝土造的本堂客殿和礼拜堂被流动的水池围在正中间。内部面积约330平方米，四周映射着依靠格子状的木柱形成的光影。

三浦美术馆

松山市的小美术馆，名字是“三浦工业美术馆”的简称。平面围绕中庭呈“L”形布置，一半是展示空间，另一半是会客室，地下是停车场。中庭里也有三浦自己创作的艺术品。

05 南岳山・光明寺
南岳山・光明寺

建筑师：安藤忠雄
地址：愛媛県西条市大町 550
类型：宗教建筑 / 寺院
年代：2000
面积：1284 m²
备注：http://www.koumyouji.com/

06 三浦美术馆
ミウラート・ヴィレッジ

建筑师：长谷川逸子
地址：愛媛県松山市堀江町 1165-1
类型：文化建筑 / 美术馆
年代：1998
面积：1307 m²
备注：http://www.miuraz.co.jp/miurart/

今治市伊东丰雄建筑博物馆・伊东丰雄

20

广岛县 Hiroshima-ken

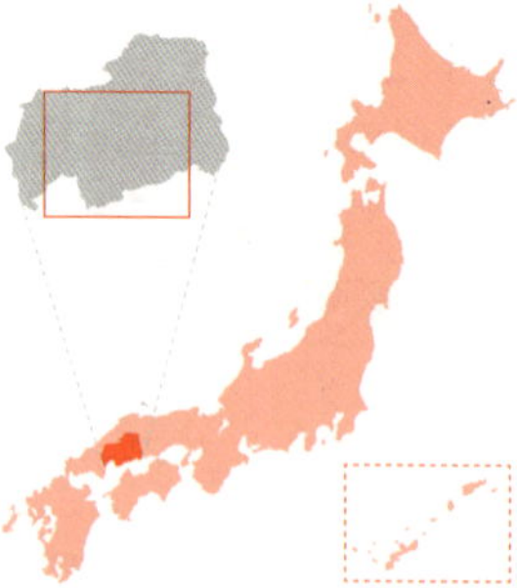

29 · 广岛县

建筑数量 -08

01 广岛和平纪念资料馆 / 丹下健三 + 浅田孝 + 大谷幸夫
02 世界和平纪念圣堂 / 村野藤吾
03 广岛市现代美术馆 / 黑川纪章
04 Brood（餐厅）/ 三分一博志
05 尾道市立美术馆 / 安藤忠雄
06 奥田元宋 · 小由女美术馆 / 柳泽孝彦
07 三原市艺术文化中心 / 桢文彦
08 严岛神社

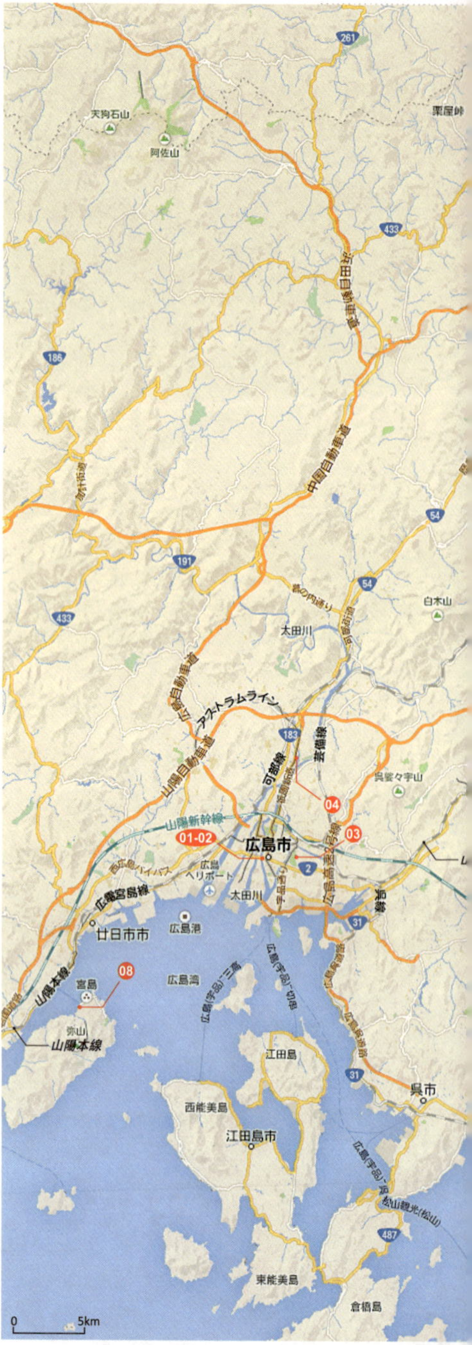

庄原市
三次市
06
芸備線
福塩線
安芸高田市
広島県
鷹ノ巣山
山陽本線
広島空港
東広島市
西条バイパス
山陽新幹線
三原市
07
尾道市
05
尾道糸崎港
岩子島
竹原市
呉線
佐木島
高根島
因島
生口島
生名島
岩城島
大芝島
大崎上島
大三島
伯方島
上蒲刈島
豊島
大崎下島
大島
54
375
184
432
486
2
185
317

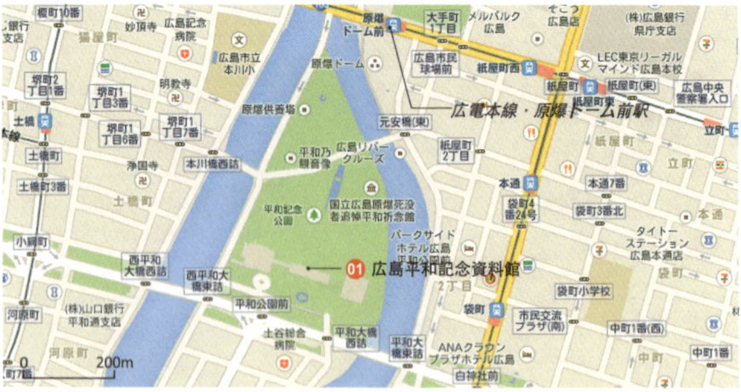

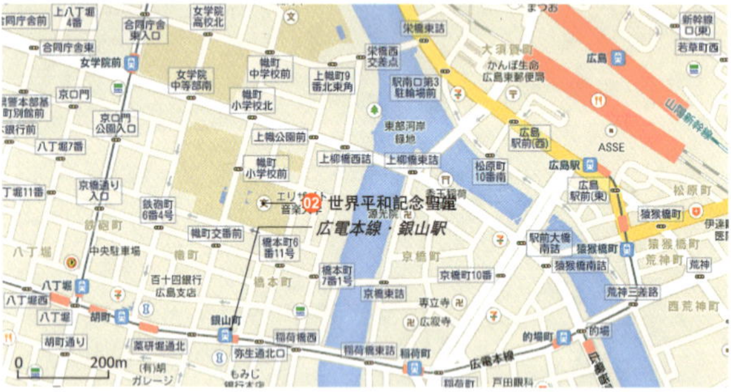

Note Zone

01 **广岛和平纪念资料馆**
広島平和記念資料館

建筑师：丹下健三、浅田孝、大谷幸夫
地址：広島県広島市中区中島町1-2
类型：文化建筑 / 博物馆
年代：1952
面积：1615 m²
备注：http://www.pcf.city.hiroshima.jp/

02 **世界和平纪念圣堂**
世界平和記念聖堂

建筑师：村野藤吾
地址：広島県広島市中区幟町4-42
类型：宗教建筑 / 教堂
年代：1953
面积：2361 m²
备注：http://hiroshima.catholic.jp/~pcaph/cathedral/ja/

广岛和平纪念资料馆

这是广岛和平公园内的建筑物，由国际会议场、本馆以及纪念陈列馆三部分构成，三部分在二层相互贯通联系起来。该建筑项目是“广岛计划1946～1955”规划的一部分。

世界和平纪念圣堂

以“追忆与眷慰在原子弹爆炸中死去的人、盼望世界人民友爱和平”为宗旨建造的教堂。主要构造为现浇混凝土，墙壁则使用了由广岛的土砂制成的砖。

Note Zone

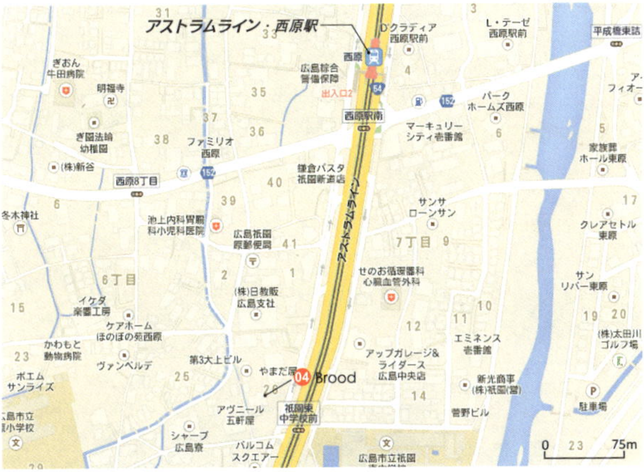

广岛市现代美术馆

建造在比治山艺术公园内的现代美术馆。为了不突出于周围的树林，建筑60%的面积被埋在地下。屋顶是将江户期土藏（涂灰泥的墙身）的悬山式变形并旋转得到的形式，开口朝向当时广岛原子弹爆炸的起爆点方向。

Brood（餐厅）

这是广岛市主干道路边的综合商业设施，是原西服店的改修项目，包括餐厅、汽车卖场和点心屋等。餐厅外是由一层层木材做成的伞状小屋顶，在这里形成了可以就餐的半室外空间。

03 广岛市现代美术馆
广島市現代美術館

建筑师：黑川纪章
地址：広島県広島市南区比治山公園 1-1
类型：文化建筑 / 美术馆
年代：1988
面积：2282 m²
备注：http://www.hiroshima-moca.jp/

04 Brood（餐厅）

建筑师：三分一博志
地址：広島県広島市安佐南区西原 6-26-2
类型：商业建筑 / 餐厅
年代：2005
面积：854 m²
备注：http://www.brood.jp

Note Zone

05 尾道市立美术馆
尾道市立美術館

建筑师：安藤忠雄
地址：広島県尾道市西土堂町 17-19
类型：文化建筑 / 美术馆
年代：2003
面积：670 m²
备注：http://www7.city.onomichi.hiroshima.jp/

06 奥田元宋・小由女美术馆
奥田元宋・小由女美術館

建筑师：柳澤孝彦
地址：広島県三次市東酒屋町 453-6
类型：文化建筑 / 美术馆
年代：2005
面积：5383 m²
备注：http://www.genso-sayume.jp/index2.html

尾道市立美术馆

这是一个改建项目。旧美术馆模仿了尾道市西乡寺本堂，将损坏的部分改建成新馆。新馆建筑由左、右两个玻璃盒子夹着中间的主入口构成，里面是箱型钢筋混凝土的展室。

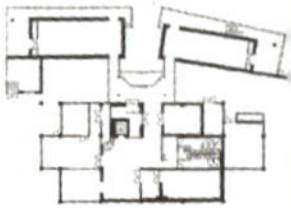

尾道市立美术馆・平面图

奥田元宋・小由女美术馆

美术馆展示着日本画家奥田元宋及其夫人、人偶作家奥田小由女的作品。为了顺应基地的高差，入口被设在三层的位置，展示空间依次向下布置。

ote Zone

三原市艺术文化中心

这是一个旧文化会馆的重建项目，被爱称为“POPOLO”，意大利语是“民众、人民”的意思。沿路的西侧是巨大的墙壁，而面向公园的东侧则是开放的玻璃会议厅。

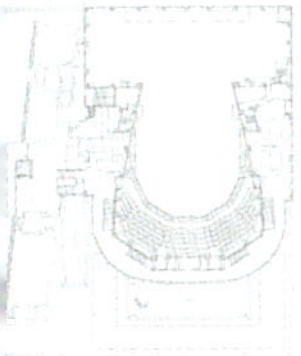

三原市艺术文化中心 · 平面图

严岛神社

严岛神社修建在濑户内海海滨的潮间带上，神社前方立于海中的大型鸟居是被称为“日本三景”之一的严岛境内最知名的地标。

07 三原市艺术文化中心
三原市芸術文化センター

建筑师：桢文彦
地址：広島県三原市宮浦 2-2-1
类型：文化建筑 / 综合文化设施
年代：2007
面积：7421 m^2
备注：http://www.mihara-popolo.com/access.html

08 严岛神社
嚴島神社

地址：広島県廿日市市宮島町 1-1
类型：宗教建筑 / 寺院
年代：593
备注：http://www.miyajima-wch.jp/jp/itsukushima/

世界和平纪念圣堂·村野藤吾

山口

岛根县 Shimane-ken

30・岛根县

建筑数量 -08

01 岛根县立图书馆 / 菊竹清训
02 岛根县民会馆 / 安田臣
03 来待石头博物馆 / 黑川雅之
04 出云大社办公楼 / 菊竹清训
05 岛根县立古代出云历史博物馆 / 桢文彦
06 大社文化设施 / 伊东丰雄
07 江津市综合市民中心 / 高松伸
08 岛根县艺术文化中心 / 内藤广

01-02
松江市
畑北松江線
宍道湖
04-06
日御碕
03
山陰本線
畑電鉄大社線
出雲市
出雲空港
山陽本線
山陰自動車道
神西湖
斐伊川
雲南市
木次線
大田市
三瓶山
石見銀山遺跡
大江高山
島根県
鬼の舌震
大万木山
王貫峠
琴引山
三江線
江の川
三次市
庄原市
安芸高田市
広島県

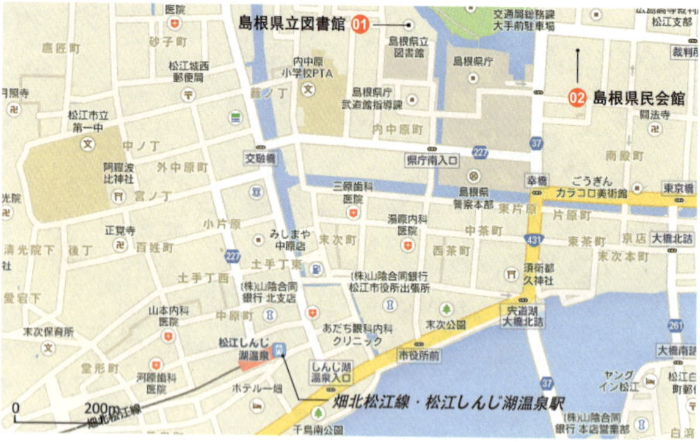

Note Zone

01 岛根县立图书馆
島根県立図書館

建筑师：菊竹清训
地址：島根県松江市内中原町 52 番地
类型：科教建筑 / 图书馆
年代：1968
面积：5865 m²
备注：http://www.lib-shimane.jp/

岛根县立图书馆

现浇混凝土建筑，有交叉的两条轴线，中间是由钢结构屋顶覆盖的中央大厅。由于非常靠近松江城的护城河，所以在阅览室的开口处采用了亲水的设计。

02 岛根县民会馆
島根県民会館

建筑师：安田臣
地址：島根県松江市殿町 158
类型：文化建筑 / 会馆
年代：1968
面积：16200 m²
备注：http://www.cul-shimane.jp/hall/

岛根县民会馆

这是面对松江城护城河建造的包含大、小两个会堂的县民会馆。钢筋混凝土的建筑展现了很强的构造感，1992年曾进行过改修，借此机会进行了必要的增建。

03 来待石头博物馆
来待ストーンミュージアム

建筑师：黑川雅之
地址：島根県八束郡宍道町東来待 1574-1
类型：文化建筑 / 博物馆
年代：1995
面积：973 m²
备注：http://www.kimachistone.com/

来待石头博物馆

展示当地特产“来待石”相关物品的博物馆。用地坐落在山里，原本是采石场，因此形成了悬崖状的特殊环境。建筑往水平方向伸展，沿着墙壁设置了水道。

lote Zone

04 出云大社办公楼
出雲大社庁の舎

建筑师：菊竹清训
地址：島根県出雲市大社町杵築東 195
类型：办公建筑 / 办公楼
年代：1963
面积：631 m²
备注：无

05 岛根县立古代出云历史博物馆
島根県立古代出雲歴史博物館

建筑师：桢文彦
地址：島根県出雲市大社町杵築東 99-4
类型：文化建筑 / 博物馆
年代：2006
面积：11854 m²
备注：http://www.izm.ed.jp/

06 大社文化设施 URARA 馆
大社文化プレイスうらら館

建筑师：伊东丰雄
地址：島根県出雲市大社町杵築南 1338-9
类型：观演建筑 / 剧场
年代：1999
面积：5847 m²
备注：http://www.goennet.ne.jp/~place/

出云大社办公楼

这是在出云大社用地内建造的办公场所，内部设有会客室。野口勇特别设计的“黑暗中的光”系列照明，使从外面看显得很暗的建筑，进入内部后却觉得很明亮。

岛根县立古代出云历史博物馆

为展示在出云大社东南部出土的文物而建造的博物馆。沿着长长的步道进入玻璃盒子状的主入口，然后就是连接各方向展示空间的中央大厅，上面覆盖着灯芯绒钢制作的屋顶。

大社文化设施 URARA 馆

由会堂和图书馆组成的综合建筑。大部分是单层的体量，从由轻快的玻璃围成的开口处进入建筑，内部是白色墙壁和木质地板营造的温暖的空间。

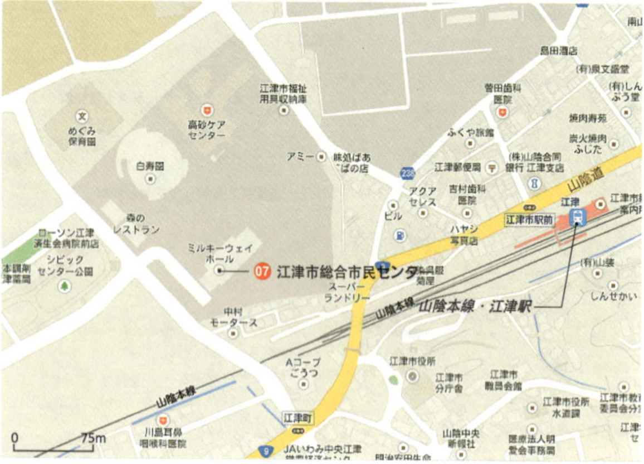

江津市综合市民中心

在JR江津站旁建造的市民会厅，特征是“口”字型大框架和简洁的造型。在东侧墙面内使用了光纤维材料，夜晚能发出像银河一样的光。

岛根县艺术文化中心

建筑的屋顶和外墙使用了约28万块当地的特产“石州瓦”，悬山屋顶的单层建筑群由回廊相互串联形成一个整体，回廊围合成了一个拥有边长25米大水池的中庭。

07 江津市综合市民中心
江津市総合市民センター

建筑师：高松伸
地址：島根県江津市江津町1110
类型：文化建筑 / 综合文化中心
年代：1995
面积：3834 m²
备注：http://www7.ocn.ne.jp/~milky-wh/

08 岛根县艺术文化中心
島根県芸術文化センター

建筑师：内藤广
地址：島根県益田市有明町5-15
类型：文化建筑 / 综合文化中心
年代：2005
面积：19252 m²
备注：http://www.grandtoit.jp/

岛根县艺术文化中心・平面图

31

山口県 Yamaguchi-ken

31・山口县

建筑数量 -04

01 萩市厅舍 / 菊竹清训
02 海 · Filter / 隈研吾
03 宇部市渡边翁纪念会馆 / 村野藤吾
04 周东町牧场大厅 / 竹山圣

ote Zone

萩市厅舍

这是萩市的市政厅，一层和二层分别是市民服务与行政功能。建筑外表面覆盖钢板，平面以正方形格子轴网为单位，每单元内都设有光庭。

海 · Filter

这是在小野田市的云母海岸建造的西班牙餐厅。建筑大量使用集成材料和玻璃，眺望海面的视线非常通畅。左、右两组建筑物夹着中央走廊，一组是饭店，另一组是酒吧。

01 萩市厅舍
萩市庁舎

建筑师：菊竹清训
地址：山口県萩市大字江向510 番地
类型：办公建筑 / 政府办公楼
年代：1974
面积：815 m²
备注：无

02 海 · Filter
海 · フィルター

建筑师：隈研吾
地址：山口県小野田市きららビーチ焼野
类型：文化建筑 / 综合服务设施
年代：2001
面积：458 m²
备注：无

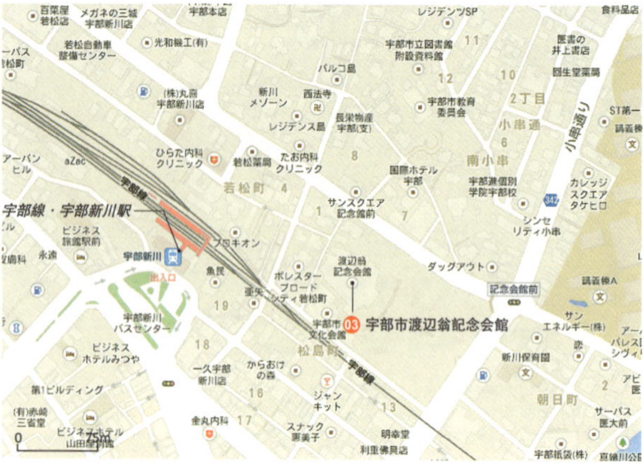

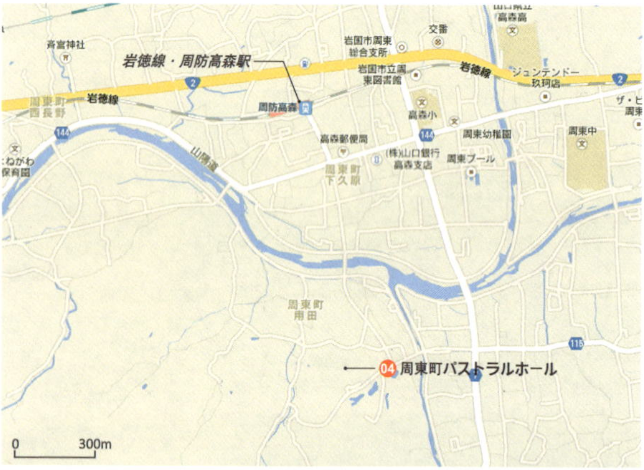

03 宇部市渡边翁纪念会馆
宇部市渡辺翁記念会館

建筑师：村野藤吾
地址：山口县宇部市朝日町 8-1
类型：文化建筑 / 会馆
年代：1937
面积：4582 m²
备注：无

04 周东町牧场大厅
周東町パストラルホール

建筑师：竹山圣
地址：山口县岩国市周東町用田 137-8
类型：文化建筑 / 综合文化设施
年代：1994
面积：3785 m²
备注：http://www.pastoralhall.org/

Note Zon

宇部市渡边翁纪念会馆

这是为纪念宇部市开发特殊贡献人、宇部兴产的创始人渡边翁而建造的市民会馆，是村野藤吾初期的代表作。特征是玄关前的独立列柱。

周东町牧场大厅

坐落在周东町小高地上的音乐厅。建筑形态是钢筋混凝土圆筒形与三角柱的组合，圆筒形部分的屋顶是被称为“圆形剧场”的野外剧场。内部则是古典音乐的专用音乐厅。

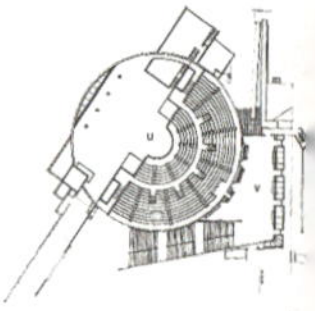

周东町牧场大厅・平面图

大分県 Ōita-ken

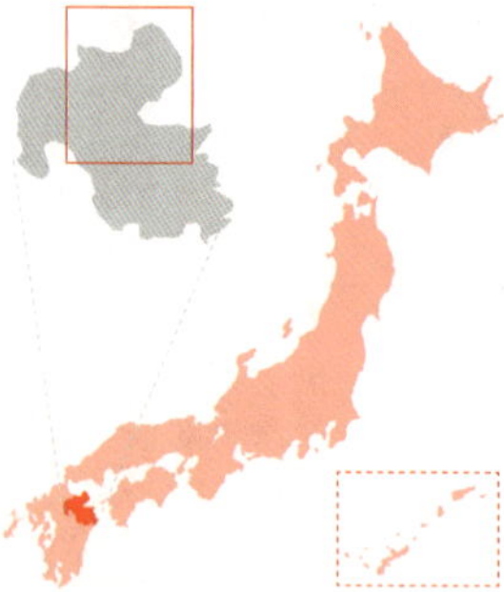

32・大分县

建筑数量 -09

01 丰之国信息图书馆 / 矶崎新
02 艺术广场 / 矶崎新
03 大分市美术馆 / 内井昭藏
04 大分体育公园综合体育馆 / KT Group
05 末田美术馆 / 原广司
06 木村纪念馆（又庵）/ 大江匡
07 中津市立小幡纪念图书馆 / 桢文彦
08 山国核心（中津市山国町综合文化中心）/ 栗生明
09 日田市民文化会馆 / 香山寿夫

ote Zone

丰之国信息图书馆

图书馆正面广场的植物非布呈网格状，中央入口的圆形天井缝隙在阴天可以漏下柔和的光线，而在阳光充足的时候，现浇混凝土墙面上可以映出圆形天井的影子。

艺术广场

建筑师矶崎新初期的代表作，1996年转用做图书馆，同时具备艺术广场的功能。一、二层是咖啡厅和市民画廊等为市民提供美术创作活动的空间，三层是展示矶崎新建筑作品的展厅。

01 丰之国信息图书馆
豊の国情報ライブラリー

建筑师：矶崎新
地址：大分県大分市大字駄原 587-1
类型：科教建筑 / 图书馆
年代：1995
面积：23002 m²
备注：http://www.i-oita.net/spot/center/oita/9279.html

02 艺术广场
アートプラザ

建筑师：矶崎新
地址:大分県大分市荷揚町 3-31
类型：文化建筑 / 美术馆
年代：1966
面积：3686 m²
备注：http://www.art-plaza.jp/

Note Zon

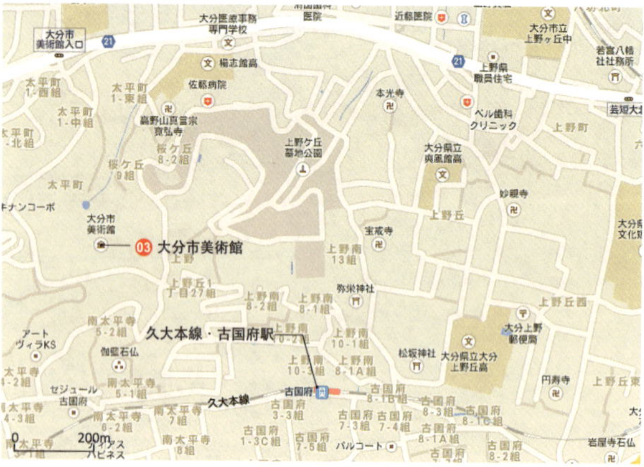

03 **大分市美术馆**
大分市美術館

建筑师：内井昭藏
地址：大分県大分市上野町 865
类型：文化建筑 / 美术馆
年代：1998
面积：9036 m²
备注：http://www2.city.oita.oita.jp/webtop/shisetu/bijutsuk.html

04 **大分体育公园综合体育馆**
大分スポーツ公園総合競技場

建筑师：KT Group（黑川纪章 + 竹中工务店）
地址：大分県大分市大字横尾 1351 番地
类型：体育建筑 / 体育场
年代：2001
面积：92882 m²
备注：无

大分市美术馆

坐落在上野丘公园内的美术馆，由展室、高清视觉大厅、饭店以及研修室等构成。为了适应起伏的地形，建筑分为两部分，中间用步道桥连接起来。

大分体育公园综合体育馆

作为2002年世界杯大分会场而建造的综合体育场。被称为“巨眼”的屋顶为双层结构，下层是固定屋顶，上层是可移动式膜结构屋顶。

大分体育公园综合体育馆・立面图

Note Zone

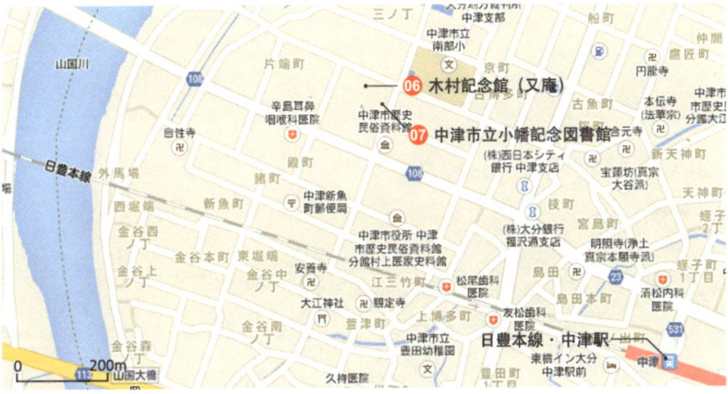

末田美术馆

这是用来展示末田先生夫妇等一系列艺术家的作品而建造的私人美术馆。外观是统一的黑色，而内部则相对更多地使用白色，在空间的设计上是想让人可以从多个角度鉴赏艺术品。

木村纪念馆（又庵）

这是为展示绘画和茶道用具而建造的私人美术馆。建筑的中心有一个四分之一圆形的中庭，面向中庭的墙壁采用玻璃幕墙，沿圆弧的一面设置了楼梯。

中津市立小幡記念図書館

建筑高度很低，二层大部分都在屋顶露天的位置。路线设计是沿着与门前主路平行的大楼直通到屋顶的袋形小公园。内部使用清洁感很强的白色作为主色调。

05 末田美术馆
末田美術館

建筑师：原广司
地址：大分県由布市湯布院町川上 1834
类型：文化建筑 / 美术馆
年代：1972
面积：1081 m^2
备注：http://www.geocities.jp/joysunny/yufuin/yufuin147.htm

06 木村纪念馆（又庵）
木村記念館（又庵）

建筑师：大江匡
地址：大分県中津市片端町 1366-3
类型：文化建筑 / 博物馆
年代：1989
面积：345 m^2
备注：无

07 中津市立小幡纪念图书馆
中津市立小幡記念図書館

建筑师：桢文彦
地址：大分県中津市片端町 1366-1
类型：科教建筑 / 图书馆
年代：1993
面积：2892 m^2
备注：http://libwebsv.city-nakatsu.jp/

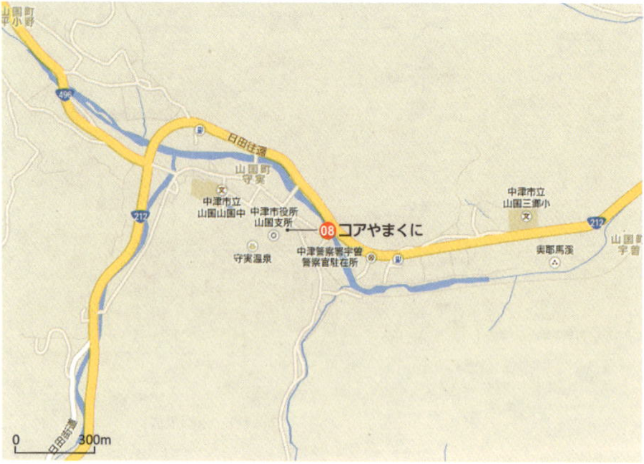

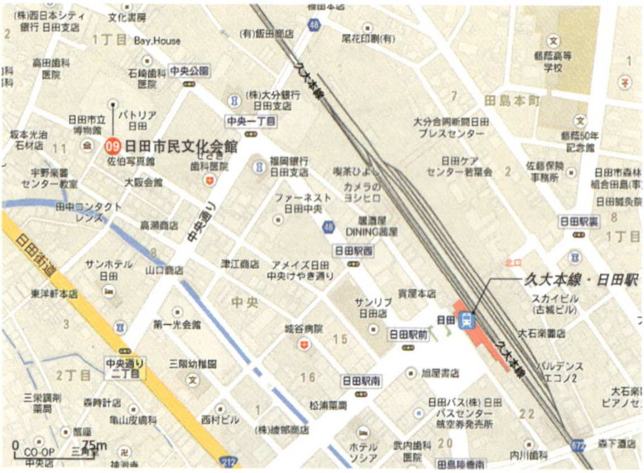

Note Zone

08 山国核心（中津市山国町综合文化中心）
コアやまくに

建筑师：栗生明
地址：大分県中津市山国町守実130番地
类型：商业建筑／酒店
年代：1996
面积：9372 m²
备注：http://www.core-yamakuni.com/

山国核心（中津市山国町综合文化中心）

包含市政、图书馆、剧场、影院和小广场等功能的综合建筑，建筑立面大多是玻璃幕墙。同时玻璃盒子的小广场起到了空调的作用。建筑前的水池中设有50米高的标志塔。

09 日田市民文化会馆
日田市民文化会館

建筑师：香山寿夫
地址：大分県日田市三本松1-8-11
类型：文化建筑／会馆
年代：2007
面积：10010 m²
备注：http://www.city.hita.oita.jp/patria/

日田市民文化会馆

"Patria"是意大利语"故乡"的意思。建筑在东、南、西三个方向均设有出入口，包含大小会堂、舞台、画廊和咖啡馆等多样的功能。建筑材料大量使用了当地出产的木材。

福冈县

Fukuoka-ken

33 · 福冈县

建筑数量 -09

01 九州工业大学纪念讲堂 / 清家清
02 八幡市民会馆 / 村野藤吾
03 北九州市立中央图书馆 / 矶崎新
04 福冈银行总店 / 黑川纪章
05 Il Palazzo 酒店 / Aldo Rossi
06 福冈凯悦酒店 · 办公楼 / Michael Graves
07 Nexus World 集合住宅群 · Rem Koolhaas 栋 / 雷姆 · 库哈斯
08 岛城中央公园中央核心设施 “GRIN GRIN” / 伊东丰雄
09 德云寺纳骨堂 / 菊竹清训

Note Zone

01 九州工业大学纪念讲堂
九州工業大学記念講堂

建筑师：清家清
地址：福岡県北九州市戸畑区仙水町 1-1
类型：科教建筑 / 讲堂
年代：1959
面积：23002 m²
备注：无

02 八幡市民会馆
八幡市民会館

建筑师：村野藤吾
地址：福岡県北九州市八幡東区尾倉 2-6-5
类型：文化建筑 / 会馆
年代：1958
面积：5519 m²
备注：http://www.g-a2k.com/yahata/

九州工业大学纪念讲堂

从九州工业大学正门进入即可看到大讲堂，采用了当时最新的折板构造建造了扇形的屋顶，背侧的墙壁使用了现浇混凝土。正面用悬挑结构伸出8米的屋顶覆盖了玄关空间。

八幡市民会馆

在北九州八幡东区中心建造的会堂。钢筋混凝土柱梁结构强调了整体的水平性，上部的大厅部分被覆盖了茶红色的瓷砖，大厅的墙壁有着微微的曲线。

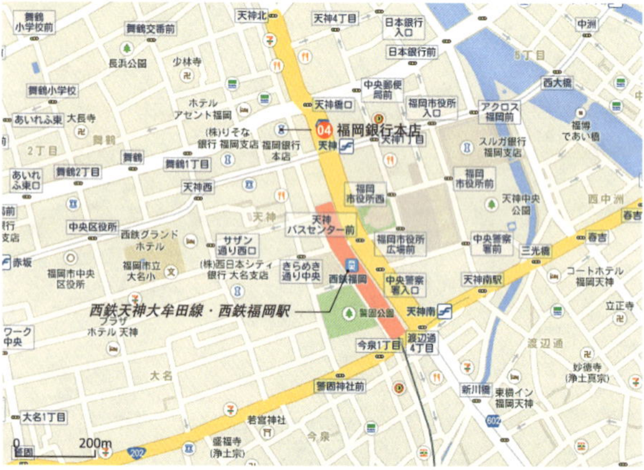

03 北九州市立中央图书馆
北九州市立中央図書館

建筑师：矶崎新
地址：福冈県北九州市小倉北区城内 4-1
类型：科教建筑 / 图书馆
年代：1974
面积：9251 m²
备注：https://www.toshokan.city.kitakyushu.jp/

北九州市立中央图书馆

建筑整合了图书馆、历史博物馆和视听中心等功能，半圆形的屋顶像龟甲一样覆盖了整栋建筑。历史博物馆里设有彩色玻璃，而且有从屋顶向下设置了巨大的落水管。

04 福冈银行总店
福岡銀行本店

建筑师：黑川纪章
地址：福冈県福冈市中央区天神 2-13-1
类型：办公建筑 / 银行
年代：1975
面积：30812 m²
备注：https://www.fukuokabank.co.jp

福冈銀行本店

建筑有着巨大的灰空间，整体是去掉一部分的四边形箱体的造型。灰空间内放置了雕刻、长椅以及盆栽植物等，营造出了公共空间的氛围。这在当时是非常大胆的创意。

Note Zone

Note Zone

Il Palazzo 酒店

这是20世纪著名意大利建筑师Aldo Rossi在日本最初的设计。宫殿式的主楼两边是较小的别栋，其中一个以“小街道的印象”为概念进行设计。建筑外墙使用了华丽的伊朗产红色大理石。

福冈凯悦酒店·办公楼

这是包含宾馆与办公功能的综合建筑。从前面的公园来看，建筑是由低层楼栋与中间的圆筒形高层楼栋构成，主题为“斯芬克斯”。中央金色大厅被圆形穹顶覆盖，形成了采光庭。

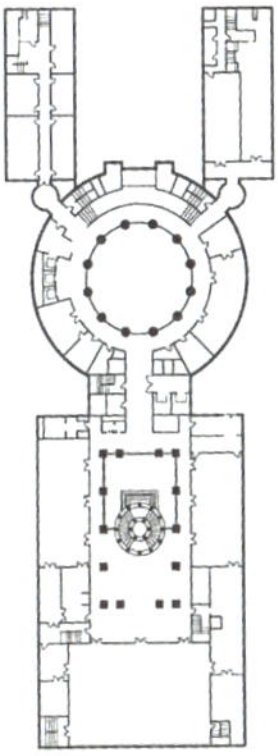

福冈凯悦酒店办公楼·平面图

Nexus World 集合住宅群·Rem Koolhaas 栋

这是库哈斯设计的Nexus World香椎项目之一，该项目全体由矶崎新主持。建筑玻璃幕墙上用黑色护墙板模仿了石墙的样子，墙壁上开有小窗，屋顶有三组引入天光的天窗。

05 Il Palazzo 酒店
ホテル・イル・パラッツォ

建筑师：Aldo Rossi
地址：福岡県福岡市中央区春吉 3-13-1
类型：商业建筑 / 酒店
年代：1989
面积：6015 m²
备注：http://www.ilpalazzo.jp/

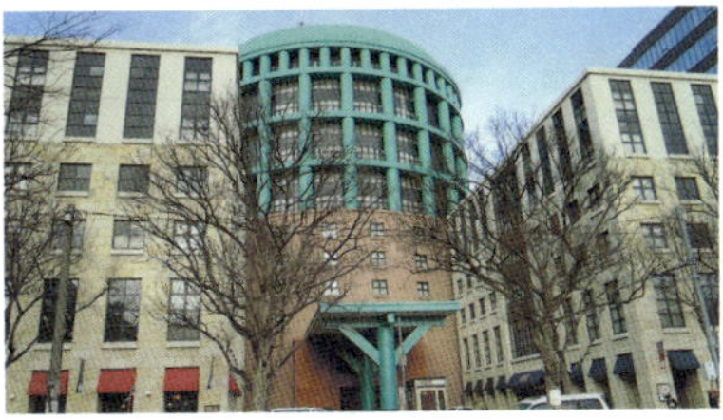

06 福冈凯悦酒店·办公楼
ハイアット・リージェンシー福岡

建筑师：Michael Graves
地址：福岡県福岡市博多区博多駅東 2-14-1
类型：商业建筑 / 酒店
年代：1993
面积：34054 m²
备注：无

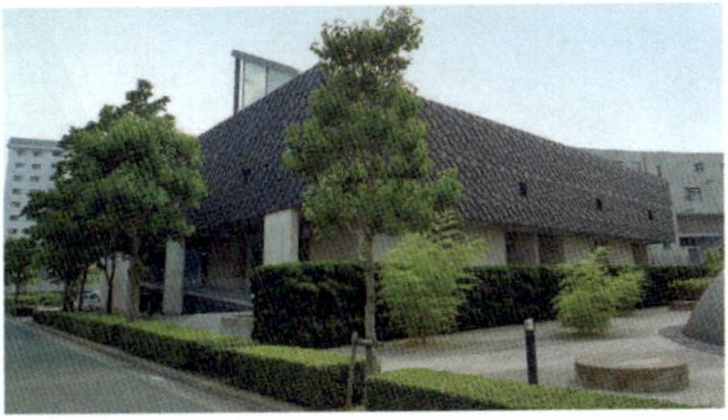

07 Nexus World 集合住宅群·Rem Koolhaas 栋
ネクサスワールド レム・コールハース棟

建筑师：雷姆·库哈斯 / OMA
地址：福岡市東区香椎浜 4-11-33
类型：居住建筑 / 集合住宅
年代：1991
面积：5764 m²
备注：无

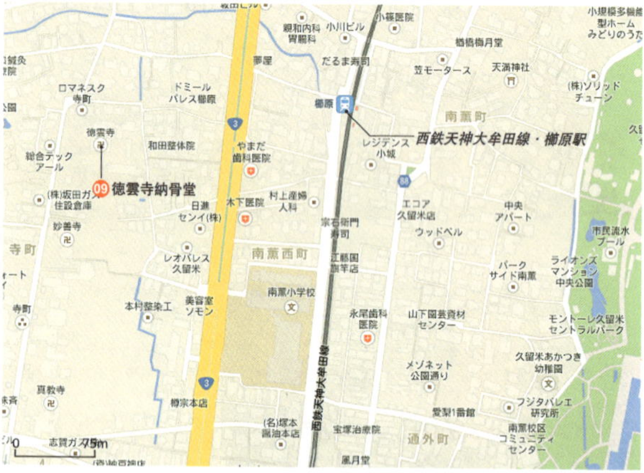

Note Zone

08 岛城中央公园中央核心设施“GRIN GRIN”
アイランドシティ中央公園中核施設 ぐりんぐりん

建筑师：伊东丰雄
地址：福岡県福岡市東区香椎照葉四丁目
类型：其他 / 温室
年代：2005
面积：5033 m²
备注：http://ic-park.jp/

09 德云寺纳骨堂
徳雲寺納骨堂

建筑师：菊竹清训
地址：福岡県久留米市寺町6-6
类型：其他 / 祭祀
年代：1965
备注：无

岛城中央公园中央核心设施“GRIN GRIN”

这是坐落在公园内的占地15公顷的巨大建筑物，呈现出了起伏的小山丘形状，全部覆盖着绿色植物。建筑由三个大空间组成，内部是植物温室。

德云寺纳骨堂

建筑由两根壁柱支撑地板，外墙由屋顶悬吊起来。建筑周围围绕着水池，整体被抬高了1.2米，水池中的石头被做成了台阶，由此进入建筑内部。

山工

熊本县

kumamoto-ken

34 · 熊本县

建筑数量 -10

01 熊本县立美术馆分馆 / Lapena and Torre
02 熊本县营保田洼第一团地 / 山本理显
03 熊本北警察局 / 筱原一男
04 不知火文化广场 / 北川原温
05 再春馆制药厂女子宿舍 / 妹岛和世
06 八代市立博物馆 / 伊东丰雄
07 熊本县立装饰古坟馆 / 安藤忠雄
08 玉名市立历史博物馆 / 毛纲毅旷
09 北里小学体育馆 / 末广香织 + 末广宣子 · NKSAchitect
10 地域资源活用综合交流促进设施 / 高桥晶子 + 高桥宽 · Workstation

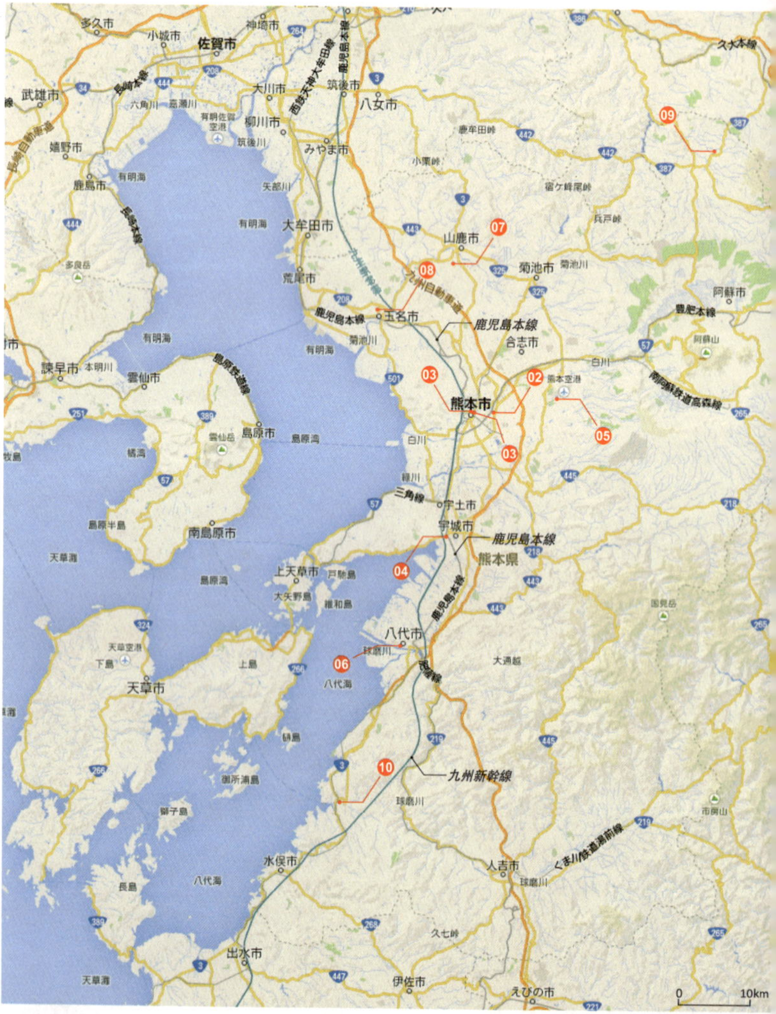

Note Zone

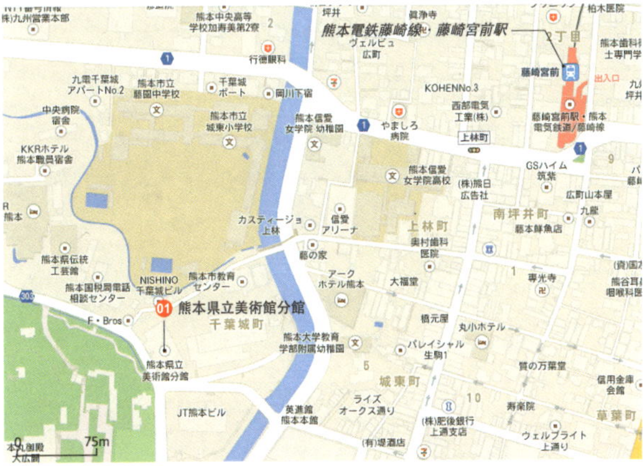

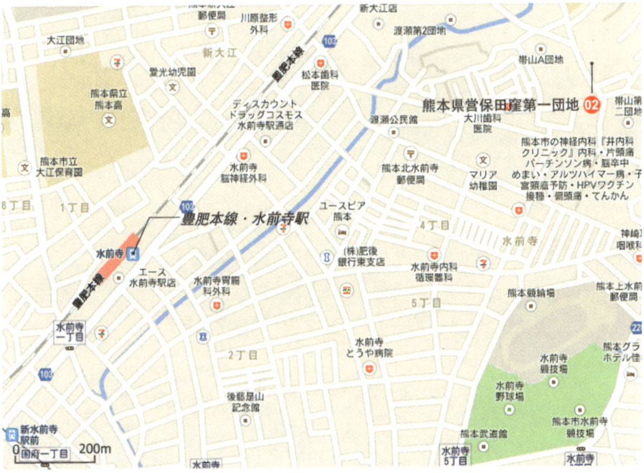

01 熊本县立美术馆分馆
熊本県立美術館分館

建筑师：Lapena and Torres
地址：熊本県熊本市千葉城町 2
类型：文化建筑 / 美术馆
年代：1992
面积：7930 m^2
备注：http://branch.museum.pref.kumamoto.jp/php/top/

熊本县立美术馆分馆

这是1960年建设的旧图书馆的改造项目，新的功能是美术馆。外墙使用了熊本城本地出产的会津石，内部大展室同时也是通高的中庭，使用木材作为装饰材料，营造出了温暖的空间氛围。

02 熊本县营保田洼第一团地
熊本県営保田窪第一団地

建筑师：山本理显
地址：熊本県熊本市中央区帯山 1-28
类型：居住建筑 / 集合住宅
年代：1991
面积：8753 m^2
备注：无

熊本县营保田洼第一团地

该团地最大的特征是围绕中庭的空间构成。中庭三面被住宅部分环绕，南侧则是集会所。中庭被巧妙的楼梯设计划分成了完全的居民专用空间。

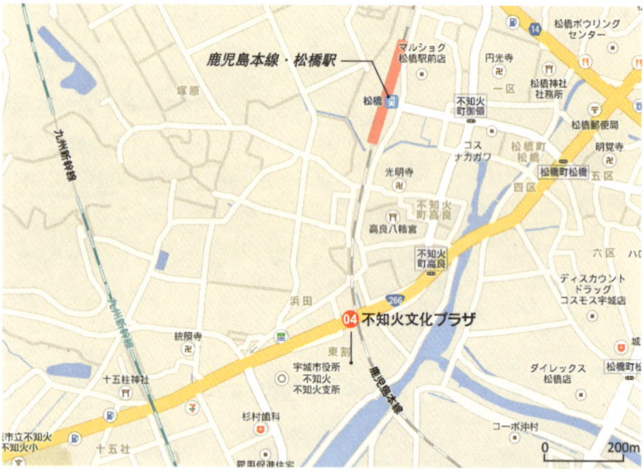

03 熊本北警察局
熊本北警察署

建筑师：筱原一男
地址：熊本県熊本市中央区草葉町 5-13
类型：办公建筑 / 办公楼
年代：1990
面积：8695 m²
备注：无

04 不知火文化广场
不知火文化プラザ

建筑师：北川原温
地址：熊本県宇城市不知火町高良 2352 番地
类型：文化建筑 / 综合文化设施
年代：1994
面积：1793 m²
备注：http://www.city.uki.kumamoto.jp/q/aview/120/1544.html

Note Zon

熊本北警察局

这是熊本北警察署的新建项目。周围集中着政府办公楼、商业写字楼等大规模建筑。建筑分为两大功能，西侧是交通科和训练场等公共部分，东侧是事务所。

不知火文化广场

这是包含不知火町图书馆和美术馆的综合建筑。从入口到走廊都覆盖着双层铝塑遮阳板，中庭有天窗采光，从中庭往右是图书馆，往左是美术馆。

ote Zone

05 再春馆制药厂女子宿舍
再春館製薬女子寮

建筑师：妹岛和世
地址：熊本県上益城郡益城町寺中 1363-1
类型：居住建筑 / 宿舍
年代：1991
面积：1254 m²
备注：无

06 八代市立博物馆
八代市立博物館

建筑师：伊东丰雄
地址：熊本県八代市西松江城町 12-35
类型：文化建筑 / 博物馆
年代：1991
面积：3418 m²
备注：http://www.city.yatsushiro.kumamoto.jp/museum/index.jsp

耳春馆制药厂女子宿舍

这是为熊本再春制药厂设计的80人女子宿舍，主要作为新入社的女性社员第一年的居所。除了个人的房间之外，基本上是一个大的公共空间。

\代市立博物馆

建筑坐落在人造高地上，博物馆功能空间主要埋在了地下，地上部分是入口和休息室。入口处的皮膜结构赋予了建筑"轻快"的性格，屋顶上的圆筒形空间是收藏库。

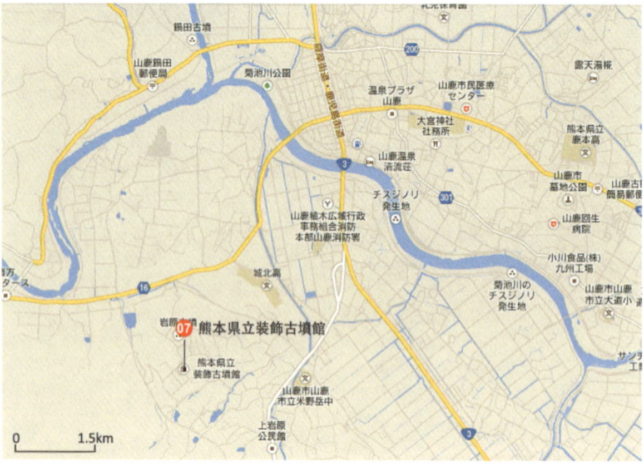

07 熊本县立装饰古坟馆
熊本県立装飾古墳館

建筑师：安藤忠雄
地址：熊本県山鹿市鹿央町岩原 3085 番地
类型：文化建筑 / 博物馆
年代：1992
面积：$2098\,m^2$
备注：http://www.kofunkan.pref.kumamoto.jp/

08 玉名市立历史博物馆
玉名市立歴史博物館

建筑师：毛纲毅旷
地址：熊本県玉名市岩崎 117
类型：文化建筑 / 博物馆
年代：1994
面积：$1977\,m^2$
备注：http://www.city.tamana.lg.jp/kokoropia/kokoropia.html

Note Zone

熊本县立装饰古坟馆

这是在岩原古坟群中心地带建造的博物馆。建筑的主要流线设计是从大楼梯向上，可俯瞰整个古坟群，然后沿着螺旋坡道下至馆内。

玉名市立历史博物馆

用来展示玉名市历史方面内容的博物馆。由步道桥连接起两组建筑物。一部分是事务室、仓库和入口大厅，另一部分是圆形的展室。

ote Zone

09 北里小学体育馆
北里アリーナ

建筑师：末广香织 + 末广宣子 · NKS Achitect
地址：熊本県阿蘇郡小国町大字北里 2473
类型：体育建筑 / 体育馆
年代：2003
备注：无

七里小学体育馆

这是既存小学校体育馆
勺改建项目，是熊本
ırtpolis（艺术之城）事
业之一。新建筑与既存
交舍之间的空间被设计
戊画廊，由此使新旧建
筑相互连接起来。

10 地域资源活用综合交流促进设施
地域資源活用総合交流促進施設

建筑师：高桥晶子 + 高桥 · Workstation
地址：熊本県葦北郡芦北町大字花岡 1705 番地 1
类型：文化建筑 / 地域交流设施
年代：2009
面积：1386 m^2
备注：无

地域资源活用综合交流
足进设施

由于有紧邻町民综合中
心的大体育馆，所以这
个建筑被称作小体育
官。建筑特点是铝锌合
金钢板的曲面屋顶和钢
筋混凝土墙体围成的形
以变形虫的平面。

熊本县立装饰古坟馆·安藤忠雄

长崎县

Nagasaki-ken

35・长崎县

建筑数量 -04

01 长崎市公会堂 / 武基雄
02 亲和银行大波止支店 / 白井晟一
03 长崎和平博物馆 / 古市彻雄
04 国立长崎核爆遇难者追悼和平祈念馆 / 栗生明

Note Zone

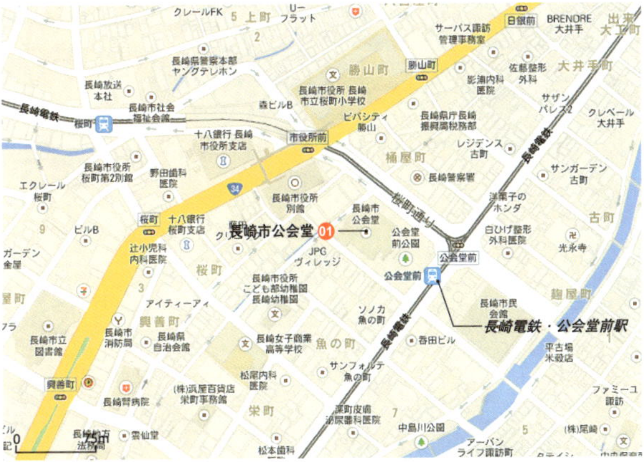

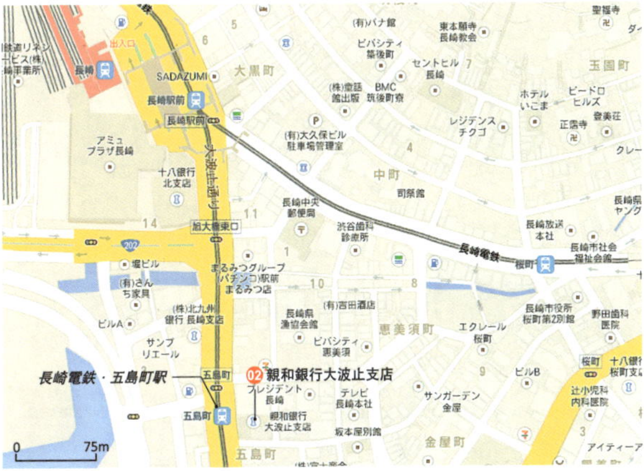

长崎市公会堂

长崎市中心建造的市民会堂。建筑前面配置了大广场，用地十分宽松，转角处是力量感很强的悬挑空间，侧面覆盖着遮阳雨板。

亲和银行大波止支店

这是在大路边建造的小而精致的低层建筑。为了隔离主路的噪音设置了厚重的封闭式空间。现有的三层建筑是1973年增建的，曲面状的建筑主体和环绕的回廊之间设置了水面。

01 长崎市公会堂
長崎市公会堂

建筑师：武基雄
地址：長崎県長崎市魚の町4-30
类型：文化建筑 / 会堂
年代：1962
面积：3578 m^2
备注：http://www.nagasakisi-koukaidou.jp/

02 亲和银行大波止支店
親和銀行大波止支店

建筑师：白井晟一
地址：長崎県長崎市五島町4-16
类型：办公建筑 / 银行
年代：1963
面积：1088 m^2
备注：无

Note Zone

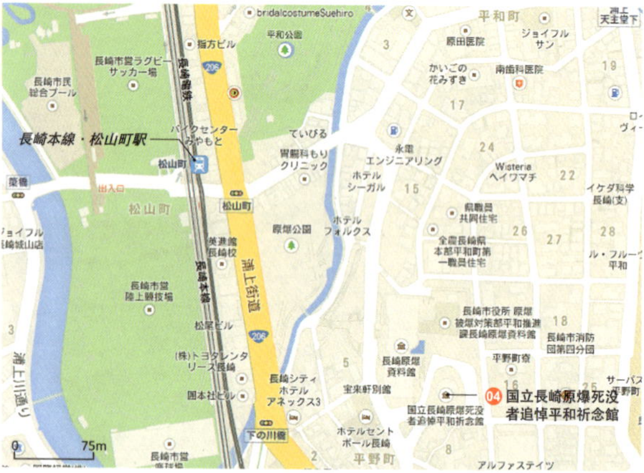

03 长崎和平博物馆
ナガサキピースミュージアム

建筑师：古市彻雄
地址：長崎県長崎市松が枝町 7-15
类型：商业建筑 / 美术馆
年代：2003
面积：193 m²
备注：http://www.nagasakips.com/

04 国立长崎核爆遇难者追悼和平祈念馆
国立長崎原爆死没者追悼平和祈念館

建筑师：栗生明
地址：長崎市平野町 7 番 8 号
类型：商业建筑 / 纪念馆
年代：2003
面积：3000 m²
备注：http://www.peace-nagasaki.go.jp/

长崎和平博物馆

建筑物是三角形平面的钢筋混凝土的封闭箱体，隔绝了室外的噪音，脚下的地灯和天窗的采光提供了室内照明。内部只有一个三角形的画廊，二层也有部分展示空间。

国立长崎核爆遇难者追悼和平祈念馆

资料馆地上部分用栃木围合成圆形水面，上面突出玻璃幕墙的形体，在水面旁边是进入地下的入口。在地下朝向原爆点方向设置了玻璃柱廊，形成了中央追悼空间。

山の

冲绳县

Okinawa-ken

36·冲绳县

建筑数量 -06

01 圣克拉拉教堂 / 片冈献 +SOM
02 那霸市民会馆 / 金城信吉
03 那霸市立城西小学校 / 原广司
04 冲绳耶稣御灵教堂 / 福村俊治
05 浦添市美术馆 / 内井昭藏
06 冲绳国立剧场 / 高松伸

Note Zone

圣克拉拉教堂

该教堂为临海且位于小山上的教会和修道院建筑。简朴的外观，南侧墙面上镶嵌着花窗，阳光下营造出了五颜六色的明亮空间。祈祷会场的座椅是在日式榻榻米上放置木质长椅，很有趣的搭配方式。

那霸市民会馆

该建筑是在那霸市建造的拥有大、中两个大厅以及会议室等功能的复合设施。是代表冲绳的建筑师——金城信吉的代表作。建筑物外表覆盖着茶红色的砖瓦，在建筑中央有直达二层的大台阶。在一层门厅的墙壁砌法上采用了冲绳传统民居的建造手法。

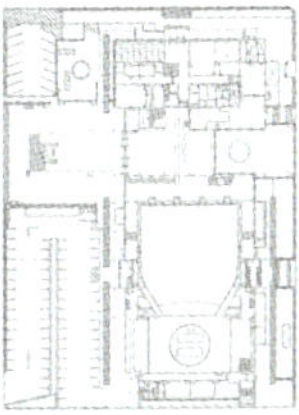

那霸市民会馆·平面图

01 圣克拉拉教堂
聖クララ教会

建筑师：片冈献＋SOM
地址：沖縄県島尻郡与那原町与那原 3090-4
类型：宗教建筑 / 教会
年代：1958
面积：3578 m²
备注：无

02 那霸市民会馆
那覇市民会館

建筑师：金城信吉
地址:沖縄県那覇市寄宮 1-2-1
类型：文化建筑 / 会馆
年代：1970
面积：7334 m²
备注：http://www.city.naha.okinawa.jp/kaikan/

Note Zone

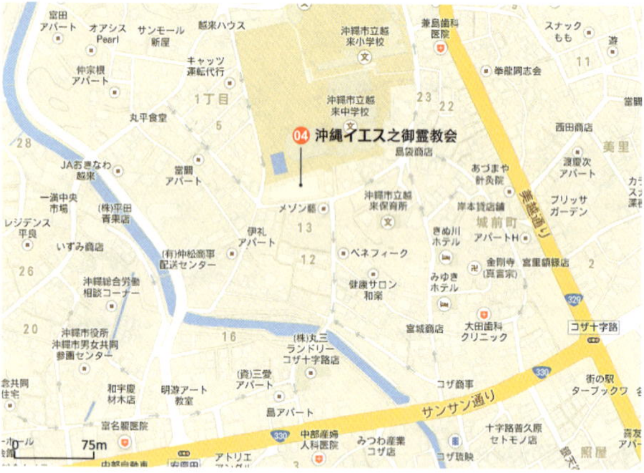

03 那霸市立城西小学校
那覇市立城西小学校

建筑师：原广司
地址：沖縄県那覇市首里真和志町 1-5
类型：科教建筑 / 学校
年代：1987
备注：http://www.nahaken-okn.ed.jp/jouse-es/

04 冲绳耶稣御灵教堂
沖縄イエス之御霊教会

建筑师：福村俊治
地址：沖縄県沖縄市越来 1-3-25
类型：宗教建筑 / 教会
年代：1999
面积：2161 m^2
备注：无

那霸市立城西小学校

这是在首里城的守礼门旁边建造的小学校。考虑到周围的景观，守礼门一侧的建筑采用的是平屋的形式，在外观上也以冲绳的聚落形象为基础，采用了铺设红色瓦片的屋顶。与此相对，运动场另一侧是钢筋混凝土的现代建筑，这构成了有趣的对比。

冲绳耶稣御灵教堂

该教堂是建造在密集住宅区里的长形教会。建筑基础是石块积累起来的台基，格子状的玻璃屋顶和列柱夹着中庭，西侧是礼拜堂，东侧是牧师的住宅。

Note Zone

05 浦添市美术馆
浦添市美術館

建筑师：内井昭藏
地址：沖縄県浦添市仲間 1-9-2
类型：文化建筑 / 美术馆
年代：1989
面积：3360 m^2
备注：http://www.city.urasoe.lg.jp/archive/8761234/art/

06 冲绳国立剧场
国立劇場おきなわ

建筑师：高松伸
地址：沖縄県浦添市勢理客 4-14-1
类型：观赏建筑 / 剧场
年代：2003
面积：14729 m^2
备注：http://www.nt-okinawa.or.jp/index.php

浦添市美术馆

这是建造在浦添市城市遗址内的美术馆，建筑是由布置在高低起伏的基地上，回廊连接着的十一座塔构成的。美术馆最初是用来展示日本最早的漆艺，现在兼顾漆艺的调查研究。

冲绳国立剧场

这是冲绳县为弘扬戏剧等文化遗产而建设的剧场，建筑内包含大小演出厅、练习场、舞台和其他展示冲绳传统戏剧文化的展室。

索引·附录

Index \ Appendix

按建筑师索引 Index by Architects

注：建筑师姓名顺序按照中文拼音顺序排列。

A

B

C

按建筑功能索引 Index by Function

注：根据建筑的不同性质，本书收录的建筑被分成文化建筑、商业建筑、科教建筑、办公建筑、居住建筑、观演建筑、体育建筑、交通建筑、宗教建筑及其他10种类型。

■文化建筑（美术馆、博物馆、文化会馆等）

■商业建筑(商店、旅馆、综合商业设施等)

■科教建筑（学校设施及科研机构等）

■办公建筑（办公楼、市政厅等）

■居住建筑（个人住宅、集合住宅等）

■观演建筑（剧场、演艺厅等）

■体育建筑（体育场、体育馆等）

■交通建筑（机场、车站等）

■宗教建筑（神社、寺院、教堂等）

■其他

图片出处 Picture Resource

注：未注明出处的图片均为作者本人拍摄。

北海道

02
http://uratti.web.fc2.com/architecture/hokkaido/hokkaidoframe.htm
http://www.taisei.co.jp/works/jp/data/1170295843824.html
04
http://www.axscom.co.jp/stg/portfolio/00289/
06
http://uratti.web.fc2.com/architecture/hokkaido/hokkaidoframe.htm
07
http://hk.nkhs.ac.jp/archives/50150604.html
08
http://upload.wikimedia.org/wikipedia/commons/4/45/Kushiro_Fisherman%27s_Wharf_MOO01n.jpg

宫城县

01
http://uratti.web.fc2.com/architecture/tohoku/miyagiframe.htm
04
http://ma21.p1.bindsite.jp/other_archi.html

茨城县

03
http://www.kurobane.biz/geijutukan040525.htm
04
http://uratti.web.fc2.com/architecture/sirai/santakiara.html

神奈川县

04
http://www.maki-and-associates.co.jp/details/index_pic_j.html?pcd=37
05
http://perseus.blog.so-net.ne.jp/2009-08-10
09
http://uratti.web.fc2.com/architecture/kanto/kanagawaframe.htm
10
http://blogs.yahoo.co.jp/atakek5_7_20d/8861687.html

栃木县

04
http://blogs.yahoo.co.jp/takutelic/folder/547035.html
05
http://iwase-atelier.cocolog-nifty.com/blog/2008/05/post_2cf1.html

埼玉县

01
http://uratti.web.fc2.com/architecture/kanto/saitamaframe.html

群馬县

01
http://uratti.web.fc2.com/architecture/kanto/gunmaframe.html
02
http://www.city.tomioka.lg.jp/facility/005/
04
http://uratti.web.fc2.com/architecture/kanto/gunmaframe.html
06
http://www.kajima.co.jp/project/works/ex/200409tom.html

山梨县

04
http://www.topboxdesign.com/hoto-fudo-in-yamanashi-japan/hoto-fudo-design-by-takeshi-hosaka-architects/

新潟县

01
http://uratti.web.fc2.com/architecture/hokuriku/niigataframe.htm
02
http://www.kenchikushi-aizu.sakura.ne.jp/katudou/sisatu/sisatu03.htm
03
http://uratti.web.fc2.com/architecture/hokuriku/niigataframe.htm

04
http://www.nagaoka-caf.or.jp/floor
05
http://uratti.web.fc2.com/architecture/hokuriku/niigataframe.htm
06
http://www.echigo-tsumari.jp/artwork/echigo-tsumari_kouryukan_echigo-tsumari_exchange_center
07
http://www.yamakikogyo.co.jp/results/special/11.html
08
http://uratti.web.fc2.com/architecture/hokuriku/niigataframe.htm
10
http://uratti.web.fc2.com/architecture/hokuriku/niigataframe.htm

长野县

06
http://uratti.web.fc2.com/architecture/tyubu/naganoframe.htm
08
http://azumino-artline.net/old/takahashi/info/index.php
10
http://www.irie-architect.com/profile/p1/p1.html
14
http://uratti.web.fc2.com/architecture/tyubu/naganoframe.htm
15
http://www.vill.hara.nagano.jp/www/info/detail3.jsp?id=1749
16
http://www.flickr.com/photos/76223770@N00/7591008950/in/photostream/
17
http://uratti.web.fc2.com/architecture/tyubu/naganoframe.htm
18
http://www.city.iida.lg.jp/soshiki/39/p0072.html

静冈县

01
http://mirutake.fc2web.com/05/93sekisui/sekisui.htm
02
http://atelier-m-architects.at.webry.info/200811/article_6.html
03
http://www42.tok2.com/home/no/art/art/sizuoka/sizu-akinofuku.htm
04
http://www.xknowledge.co.jp/kenchi/news/2009/04/2009.html

愛知县

02
http://gensun.org/pid/719222
03
http://monocon-monocon.blogspot.jp/2012/09/2012.html
04
http://www.criehioki.com/blog2/?p=78
05
http://network2010.org/article/228
06
http://arc-no.com/arc/aichi/aichi-prostho.htm
07
http://www.lets-go-aichi.jp/article/2010/000322.html
08
http://dakekanba.blog.so-net.ne.jp/2012-08-14
11
http://ilya-slow.jugem.jp/?cid=20

岐阜县

02
http://imai-sekkei.cocolog-nifty.com/blog/2009/04/post-8a25.html
03
http://airk.exblog.jp/m2010-03-01/
04
http://upload.wikimedia.org/wikipedia/ja/6/68/Softpia_Japan1.jpg
05
http://blog.livedoor.jp/kannon0018/archives/20132313.html
07
http://morimoto32.exblog.jp/15727532
08
http://kanocd.exblog.jp/16851054
10
http://column.kuboe.com/?p=590

11
http://www.city-wedding.net/themepark/ala.php

石川县

03
http://blog.nsk.ne.jp/chubu-jc/archive/month200911.html
06
http://zukan.exblog.jp/4725804/
07
http://arc-no.com/arc/isikawa/isi-asakura.htm

三重县

01
http://kikusan.com/archives/51140227.html
03
http://arc-no.com/arc/mie/mie-louvre.htm
04
http://arc-no.com/arc/mie/mie-lotus.htm

滋贺县

01
http://zukan.exblog.jp/m2008-03-01/
02
http://kenplatz.nikkeibp.co.jp/article/building/column/20090622/533591/?P=2
04
http://www.tkbc.jp/36_1p_sen_b~m.html

奈良县

02
http://arc-no.com/arc/nara/nara-hakubutukan2.htm
03
http://upload.wikimedia.org/wikipedia/commons/6/66/Gangoji02st3200.jpg
04
http://www.sanyoukensetsu.co.jp/wordpress/?p=314
05
http://upload.wikimedia.org/wikipedia/commons/a/a0/Toshodaiji_Nara_Nara_pref01s5s4290.jpg
06
http://www.nipic.com/show/1/73/30fb46c60487b235.html
07
http://www.obayashi.co.jp/works/work_1438
09
http://ja.wikipedia.org/wiki/%E9%A3%9B%E9%B3%A5%E5%AF%BA

京都府

01
http://osakajj.blogspot.jp/2011/09/blog-post_7400.html
03
http://tempsera.at.webry.info/200901/article_33.html
06
http://otomisan-fuchisou.cocolog-nifty.com/blog/2011/10/fw-076c.html
07
http://blog.goo.ne.jp/fushimi85/e/3752647fa047f4671b3fce0b7dc78d54
08
http://tabisuke.arukikata.co.jp/mouth/88336/
21
http://www.d1.dion.ne.jp/~s_minaga/n_16_honpoji.htm
29
http://saketarou.blog78.fc2.com/blog-entry-582.html
42
http://blog.livedoor.jp/kyoto3/archives/50488700.html
44
http://youpv.exblog.jp/14663020/
45
http://www.kotolog.jp/post/%E4%B8%89%E9%96%80/
47
http://30047809.at.webry.info/201205/article_8.html
48
http://kyotrip.blog79.fc2.com/blog-entry-211.html
49
http://blogs.yahoo.co.jp/egacite/56957595.html
50
http://92055278.at.webry.info/201307/article_2.html
52
http://upload.wikimedia.org/wikipedia/commons/b/b6/International_Research_Center_for_Japanese_Studies.jpg
53
http://photograph.pro/jp/kyoto/otagi/sanzenin.html

54
http://d.hatena.ne.jp/sanraku2/20130731/1375287271
55
http://zukan.exblog.jp/4277448
57
http://www.zekkeikana.com/kyoto/komichi/shakenomichi/shakenomichi11.html
58
http://blog.livedoor.jp/renkyou/archives/51376305.html
60
http://stoublog.blog76.fc2.com/blog-entry-15.html
62
http://jeanpaul1970.blog87.fc2.com/blog-entry-271.html
64
http://blogs.yahoo.co.jp/ohkzm3/5921661.html
66
http://hokugyo.web.fc2.com/wp01/wp_kansai/
72
http://www.town.oyamazaki.kyoto.jp/contents_detail.php?frmId=153

大阪府

13
http://blog.livedoor.jp/localforfuchu/archives/52505129.html
19
http://f.hatena.ne.jp/awa-tika/20091226075750
20
http://tsunagarid.blogspot.jp/2009/04/osaka-modern-art-museum.html
24
http://www.flickr.com/photos/ats-plus/8002589303/
29
http://tis-partners.co.jp/works/works/1673/1673.html
30
http://t-y-a.blog.so-net.ne.jp/2012-01-11

和歌山县

01
http://uratti.web.fc2.com/architecture/kansai/wakayamaframe.html
02
http://arc-no.com/arc/wakayama/wakayama-nenseiji.htm
03
http://mirutake.hp2.jp/10/229nakaheti/nakaheti.htm
04
http://4travel.jp/travelogue/10451782

兵库县

05
http://uratti.web.fc2.com/architecture/kansai/hyougoframe.htm
11
http://www.shimz.co.jp/tw/works/03aca/cul10.html
14
http://uratti.web.fc2.com/architecture/kansai/hyougoframe.htm
17
http://uratti.web.fc2.com/architecture/kansai/hyougoframe.htm
18
http://uratti.web.fc2.com/architecture/kansai/hyougoframe.htm
19
http://uratti.web.fc2.com/architecture/kansai/hyougoframe.htm

鸟取县

01
http://homepage3.nifty.com/pension/phothtml/phottop2.html
02
http://zukan.exblog.jp/4559977/
03
http://upload.wikimedia.org/wikipedia/commons/thumb/7/79/%E6%9D%B1%E5%85%89%E5%9C%92.jpg/1280px-%E6%9D%B1%E5%85%89%E5%9C%92.jpg
04
http://10plus1.jp/photo-archives/95/album.php?c=5&i=0

香川县

04
http://tekuteku105105.seesaa.net/article/270402114.html
05
http://www.housing-museum.com/japan20_shikoku.htm

冈山县

03
http://www.jb-honshi.co.jp/kanko/guide/index.php?id=720
05
http://katsuhiko4873.blog77.fc2.com/blog-entry-180.html
06
http://minkara.carview.co.jp/userid/1614737/spot/664707/

爱媛县

01
http://blogs.yahoo.co.jp/spacepro888/34812009.html
03
http://studiopoh.cocolog-nifty.com/blog/2012/06/---8e5a.html
04
http://www.arch-hiroshima.net/a-map/ehime/lamiell.html
05
http://ttoshiro.cocolog-nifty.com/blog/2012/11/post-b055.html
06
http://artettura.blogspot.jp/2011/09/blog-post_8485.html

广岛县

03
http://d442011.bizloop.jp/s1/
04
http://yumily.exblog.jp/6857054
05
http://shp.dd5.jp/?p=4038
06
http://www.obayashi.co.jp/works/search_purpose/search_purpose5/work_1235
07
http://mihara-fc.net/2012/03/18221032.html

岛根县

01
http://arc-no.com/arc/simane/simane-kenrituto.htm
02
http://daikonpapa.cocolog-nifty.com/daikonpapa/2009/03/index.html
03
http://arc-no.com/arc/simane/simane-stone.htm
04
http://zukan.exblog.jp/4510881/
05
http://york1975.blogspot.jp/2010/11/trip-4.html
06
http://hidekid-35.doorblog.jp/
07
http://www.takamatsu.co.jp/projects/details.php?id=97
08
http://blog.goo.ne.jp/onaka_dy/e/9b328857e7a67dd108fa7fd7e93888fb

山口县

01
http://el-blanco19840823.blogspot.jp/2011_08_01_archive.html
02
http://zukan.exblog.jp/15984346/
03
http://zukan.exblog.jp/16016323/
04
http://zukan.exblog.jp/4560026

大分县

01
http://zukan.exblog.jp/i64/
02
http://minkara.carview.co.jp/userid/156940/spot/217962/
03
http://www.city.oita.oita.jp/www/contents/1268369394076/index.html
04
http://upload.wikimedia.org/wikipedia/commons/6/6e/OitaStadium1.JPG
05
http://arc-no.com/arc/oita/oita-suedabi.htm
06
http://uratti.web.fc2.com/architecture/kyusyu/ooitaframe.htm
07
http://zukan.exblog.jp/i64/
08
http://acoraku.way-nifty.com/blog/2012/04/in-a26f.html
09
http://www.arch.nias.ac.jp/forum/2010-2.html

福冈县

01
http://blog.livedoor.jp/shibu_usagi/archives/65610794.html
02
http://zukan.exblog.jp/4284346/
03
http://shimo0223.exblog.jp/12820759
04
http://d.hatena.ne.jp/aruiha_shikashi/20130521/p1
05
http://www.ilpalazzo.jp/aldorossi.php
06
http://fitnessfreak.air-nifty.com/blog/2010/01/3-dc09.html
07
http://raffinato007.blog133.fc2.com/category0-22.html
08
http://inamoken2.exblog.jp/17921485
09
http://www.hino.nu/bbs_backlog/bbs_oldlog_55.html

熊本县

01
http://kumanago.jp/fc/images/detail/1418
02
http://kumanago.jp/fc/images/detail/761
03
http://blog.livedoor.jp/kenjikenjikenji_go/tag/%E5%BB%BA%E7%AF%89
04
http://blog.livedoor.jp/blog_place_kanzaki/archives/51789370.html
05
http://hirahira33.cocolog-nifty.com/hirahira33/2013/07/post-760f.html
06
http://blog.livedoor.jp/blog_place_kanzaki/archives/51789370.html
08
http://4travel.jp/domestic/area/kyushu/kumamoto/tamana/tamana/museum/10016063/
09
http://d.hatena.ne.jp/archigram_lab/20080805/1217955867
10
http://cross-destiny.cocolog-nifty.com/blog/2009/04/index.html

长崎县

01
http://inoueshigehisa.net/?m=201301
02
http://ja.wikipedia.org/wiki/%E8%A6%AA%E5%92%8C%E9%8A%80%E8%A1%8C
03
http://blogs.yahoo.co.jp/t_matuda/43235781.html
04
http://www.global-peace.go.jp/kikan/kikan_date.php?sec_id=184

冲绳县

01
http://www.docomomojapan.com/wordpress/?p=361
02
http://www.city.naha.okinawa.jp/kaikan/riyou/riyou.htm
03
http://arc-no.com/arc/okinawa/okinawa-jouseisyou.htm
04
http://www.dream-archi.com/02_5_Church/02_5_02_OkinawaChurch.html
05
http://deko0625.at.webry.info/200601/article_11.html
06
http://spcflght.exblog.jp/20659794

东京地下铁路线图

埼玉高速鉄道線浦和美園まで直通運転
東武東上線森林公園まで直通運転
西高島平
新高島平
高島平
西台
蓮根
都営三田線
志村三丁目
志村坂上
本蓮沼
板橋本町
板橋区役所前
新板橋
東武東上線
赤羽
赤羽岩淵
南北線
志茂
王子神谷
王子駅前
王子
西ケ原
板橋
西巣鴨
巣鴨
千石
白山
和光市
地下鉄成増
地下鉄赤塚
平和台
氷川台
小竹向原
副都心線
千川
要町
池袋
有楽町線
大塚
大塚駅前
新大塚
丸ノ内線
東池袋四丁目
茗荷谷
後楽園
光が丘
練馬春日町
豊島園
練馬
西武有楽町線経由 西武池袋線飯能まで直通運転
新江古田
落合南長崎
西武池袋線
目白
雑司が谷
東池袋
護国寺
鬼子母神前
江戸川橋
西武新宿線
中井
落合
JR中央線三鷹まで直通運転
荻窪
阿佐ヶ谷
高円寺
中野
東西線
高田馬場
神楽坂
水道橋
JR中央線
南阿佐ケ谷
東高円寺
新高円寺
丸ノ内線
新中野
東中野
大久保
新大久保
西早稲田
早稲田
牛込神楽坂
飯田橋
JR中央線
神保町
東新宿
牛込柳町
九段下
新宿西口
西新宿
西武新宿
若松河田
曙橋
中野新橋
中野富士見町
中野坂上
新宿三丁目
市ケ谷
半蔵門線
方南町
新宿
新宿御苑前
四谷三丁目
竹橋
西新宿五丁目
都庁前
京王新線
新宿
麹町
半蔵門
皇居
四ツ谷
下高井戸
明大前
京王線経由京王相模原線橋本・京王高尾線高尾山口まで直通運転
笹塚
京王線
代々木
千駄ヶ谷
信濃町
永田町
桜田門
北参道
国立競技場
原宿
青山一丁目
赤坂見附
国会議事堂前
日比谷
山下
豪徳寺
下北沢
代々木上原
千代田線
明治神宮前
代々木公園
小田急多摩線唐木田・小田急小田原線本厚木まで直通運転
小田急小田原線
外苑前
赤坂
溜池山王
霞ケ関
乃木坂
虎ノ門
内幸町
表参道
京王井の頭線
六本木一丁目
渋谷
東急世田谷線
六本木
神谷町
御成門
広尾
赤羽橋
二子玉川
東急田園都市線
東急田園都市線中央林間まで直通運転
三軒茶屋
恵比寿
日比谷線
麻布十番
芝公園
南北線
三田
東急東横線
中目黒
白金台
白金高輪
東急東横線経由 みなとみらい線元町・中華街まで直通運転
自由が丘
目黒
高輪台
泉岳寺
田町
田園調布
東急目黒線
東急目黒線日吉まで直通運転
大岡山
東京モノレール
五反田
品川
東急池上線
東急大井町線
戸越
大崎
京急線
天王洲アイル
旗の台
都営浅草線
中延
西馬込
馬込
大井町
京急線三崎口・羽田空港国内線ターミナ
DESIGNED by ぴあ株式会社

东京地下铁路线图
Metro Network
東京メトロ
銀座線
丸ノ内線
日比谷線
東西線
千代田線
有楽町線
半蔵門線
南北線
副都心線
都営浅草線
都営三田線
都営新宿線
都営大江戸線
JR山手・中央・総武線
その他のJR線
私鉄線
都電荒川線
日暮里・舎人ライナー
駅
主要乗換駅
東京地下鉄株式会社 ©2013.03
東武スカイツリーライン経由 日光線南栗橋まで直通運転
東武スカイツリーライン経由 伊勢崎線久喜・日光線南栗橋まで直通運転
JR常磐線取手まで直通運転
北綾瀬
綾瀬
北千住
町屋
千代田線
京成本線
日暮里
西日暮里
千駄木
根津
湯島
上野
上野広小路
上野御徒町
仲御徒町
秋葉原
末広町
御徒町
稲荷町
田原町
浅草
本所吾妻橋
押上〈スカイツリー前〉
南千住
三ノ輪
入谷
新御徒町
蔵前
浅草橋
両国
錦糸町
亀戸
平井
新小岩
小岩
市川
本八幡
京成八幡
篠崎
瑞江
一之江
船堀
東大島
大島
西大島
住吉
菊川
森下
浜町
馬喰横山
東日本橋
岩本町
小伝馬町
淡路町
小川町
神田
大手町
三越前
新日本橋
人形町
水天宮前
清澄白河
日本橋
東京
京橋
宝町
銀座一丁目
茅場町
八丁堀
新富町
築地
東銀座
築地市場
月島
勝どき
豊洲
辰巳
新木場
門前仲町
木場
東陽町
南砂町
西葛西
葛西
浦安
南行徳
行徳
妙典
原木中山
西船橋
下総中山
東西線
有楽町線
都営大江戸線
JR京葉線
JR総武線
舞浜
ディズニーリゾートライン
ゆりかもめ
りんかい線
国際展示場
有明
東京テレポート
東京湾

大阪地下铁路线图

地下鉄
ニュートラム
图例
M 御堂筋線
T 谷町線
Y 四つ橋線
C 中央線
S 千日前線
K 堺筋線
N 長堀鶴見緑地線
I 今里筋線
P 南港ポートタウン線
相互直通区間
私鉄線
路线颜色
M16
车站编号
路线记号
北大阪急行線
M08 千里中央
M09 桃山台
M10 緑地公園
M11 江坂
M12 東三国
M13 新大阪
M14 西中島南方
M15 中津
M16 梅田
M17 淀屋橋
M18 本町
M19 心斎橋
M20 なんば
M21 Y16 大国町
大阪空港
阪急宝塚線
JR新幹線
阪急神戸線
JR京都線
JR神戸線
阪神本線
JR東西線
京阪中之島線
阪神なんば線
JRゆめ咲線
南海高野線
南海本線
S11 野田阪神
S12 玉川
C15 S13 阿波座
S14 N13 西長堀
S15 桜川
Y11 西梅田
Y12 肥後橋
Y13 C16 M18
Y14
Y15 S16 M20
N14 西大橋
N15
四ツ橋
N12 ドーム前千代崎
N11 大正
C14 九条
C13 弁天町
C12 朝潮橋
C11 大阪港
C10 P09 コスモスクエア
P10 トレードセンター前
P11 中ふ頭
P12 ポートタウン西
P13 ポートタウン東
P14 フェリーターミナル
P15 南港東
P16 南港口
P17 平林
Y21 P18 住之江公園
Y17 花園町
Y18 岸里
Y19 玉出
Y20 北加賀屋
T20
K2
天下茶屋
関西空港
泉佐野
りんくうタウン
住吉公園
海老江
野田
福島
新福島
渡辺橋
北新地
大江橋
淀屋橋
中之島
西九条
ユニバーサルシティ
桜島
弁天町
九条
ドーム前
桜川
汐見橋
JR難波
大阪難波
近鉄日本橋
なんば
大正
芦原橋
今宮
新大阪
南方
梅田
大阪

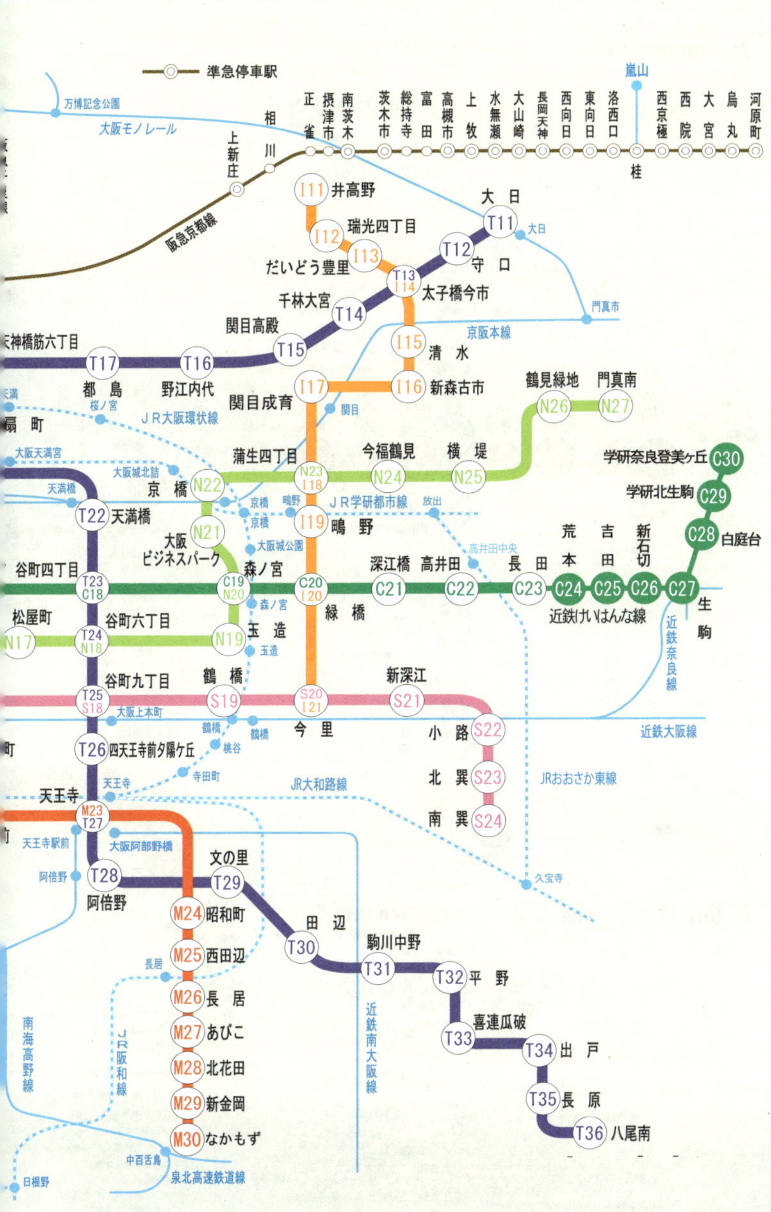

準急停車駅
嵐山
万博記念公園
大阪モノレール
阪急京都線
相川
上新庄
正雀
摂津市
南茨木
茨木市
総持寺
富田
高槻市
上牧
水無瀬
大山崎
長岡天神
西向日
東向日
洛西口
桂
西京極
西院
大宮
烏丸
河原町
I11 井高野
I12 瑞光四丁目
I13 だいどう豊里
T11 大日
大日
T12 守口
T13 I14 太子橋今市
T14 千林大宮
T15 関目高殿
I15 清水
門真市
京阪本線
天神橋筋六丁目
T17 都島
T16 野江内代
I17 関目成育
I16 新森古市
関目
桜ノ宮
JR大阪環状線
天満
扇町
N26 鶴見緑地
N27 門真南
大阪天満宮
蒲生四丁目
N23 I18
N24 今福鶴見
N25 横堤
C30 学研奈良登美ヶ丘
C29 学研北生駒
C28 白庭台
大阪城北詰
天満橋
N22 京橋
京橋
鴫野
JR学研都市線
放出
T22 天満橋
N21 大阪ビジネスパーク
I19 鴫野
大阪城公園
高井田中央
荒本
吉田
新石切
深江橋
高井田
長田
T23 C18 谷町四丁目
C19 N20 森ノ宮
C20 I20 緑橋
C21
C22
C23
C24
C25
C26
C27
近鉄けいはんな線
生駒
近鉄奈良線
森ノ宮
松屋町
T24 N18 谷町六丁目
N17
N19 玉造
玉造
T25 S18 谷町九丁目
S19 鶴橋
S20 I21 今里
S21 新深江
大阪上本町
鶴橋
S22 小路
近鉄大阪線
T26 四天王寺前夕陽ケ丘
桃谷
S23 北巽
JRおおさか東線
寺田町
天王寺
JR大和路線
M23 T27 天王寺
S24 南巽
天王寺駅前
大阪阿部野橋
T29 文の里
T28 阿倍野
久宝寺
M24 昭和町
T30 田辺
T31 駒川中野
T32 平野
M25 西田辺
長居
M26 長居
M27 あびこ
T33 喜連瓜破
T34 出戸
南海高野線
JR阪和線
近鉄南大阪線
M28 北花田
M29 新金岡
T35 長原
M30 なかもず
T36 八尾南
中百舌鳥
泉北高速鉄道線
日根野

京都地下铁路线图

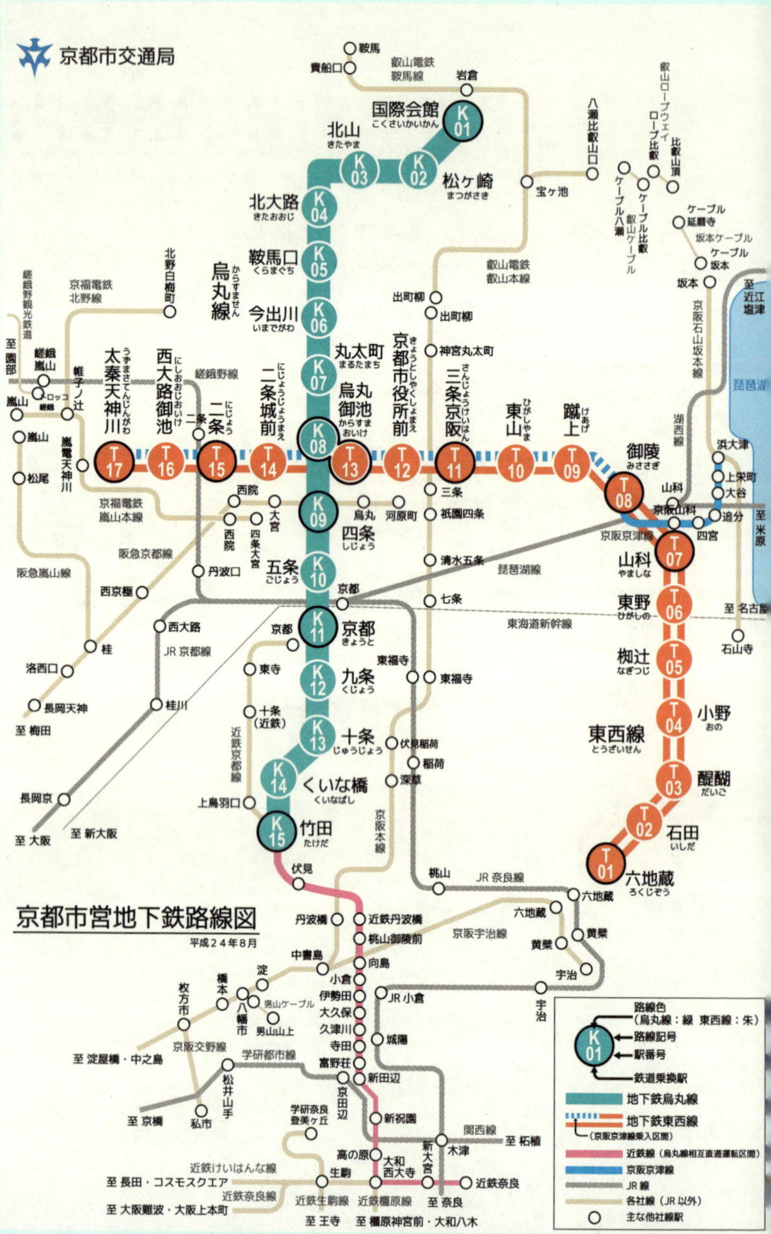
京都市交通局
京都市営地下鉄路線図
平成２４年８月
烏丸線
東西線
国際会館
松ヶ崎
北山
北大路
鞍馬口
今出川
丸太町
烏丸御池
四条
五条
京都
九条
十条
くいな橋
竹田
二条城前
京都市役所前
三条京阪
東山
蹴上
御陵
山科
東野
椥辻
小野
醍醐
石田
六地蔵
二条
西大路御池
太秦天神川
路線色
（烏丸線：緑　東西線：朱）
路線記号
駅番号
鉄道乗換駅
地下鉄烏丸線
地下鉄東西線
（京阪京津線乗入区間）
近鉄線（烏丸線相互直通運転区間）
京阪京津線
JR 線
各社線（JR 以外）
主な他社線駅

后记 Postscript

本书的出版得到了很多人的帮助。首先要感谢北京建筑大学王昀老师的推荐，特别要感谢的是在本书的资料整理及绘图工作中付出辛苦劳动的张杨，以及曾提供过照片的寇佳意、李思琪、张玲等。还要感谢明治大学大河内学教授给我的赠书，使我得以在东京考察诸多建筑，还有明治大学的桥本昂子、齐藤有一、胁野新平、瓜生隆光、藤吾隆平给我在东京的指引。在我考察日本建筑的过程中，也曾受到过很多朋友的热心帮助，在这里要感谢北田千秋、崔金柱、郑璐、白林、朱婧一、蒋梦予、李伟、袁媛、李娜、潘磊、郑磊、潘飞、荀鹏斐、徐岩、白扬、黄婧、付双翼、林旭、何滔、张炳玲、赵磊以及深圳有方空间文化发展有限公司“日本现代建筑寻踪”的朋友们。还要感谢浦太郎、美轮子、森鸥外一家、本野精吾一家等对我的打扰的谅解，以及曾经在旅行途中一起分享经验的深圳筑博设计公司的朋友们。

本书的编排还得到了很多东京早稻田大学的老师及同学的帮助，在这里我要感谢早稻田大学教授古谷诚章，以及研究室的稻恒纯哉、李东勳、齐藤信吾、根本有树、黄乃恩、王薪鹏、JANKOWSKI Aleksander、付珊珊等。

另外，感谢中国建筑工业出版社刘丹编辑的辛勤劳动以及出版社各位领导的支持，还有在版式编排上付出劳动的各位朋友。

最后要特别感谢的是一直在背后支持我的家人，方体空间的宁晶老师和好朋友刘阳、徐丹、李楠、李喆、刘晶、赵冠男、俞文婧、张捍平、马磊、宇航等对我在各方面的帮助。

程艳春

2014.05.04

程 艳 春
Cheng Yanchun

早稻田大学创造理工研究科建筑学博士，C+Architects建筑设计事务所主持建筑师、合伙人，任教于北京建筑大学建筑与城市规划学院。